AF452571

REMÈDES

PRÉSERVATIFS et CURATIFS

POUR

LES MALADIES

DU BÉTAIL.

REMÈDES

PRÉSERVATIFS et CURATIFS

POUR

LES MALADIES

DU BÉTAIL.

A GENEVE,

Chez J. J. Paschoud, Libraire & Commis-
sionnaire en librairie.

AN VII.

RECUEIL

De remèdes pour guérir le Bétail, &
la manière de s'en servir.

---

*Remèdes pour guérir le quartier, tachet,
ou lovet qui vient sur les bêtes à cornes,
& même sur les chevaux, qu'on appelle
le quartier jaune.*

Premièrement, pour connoître si un
bœuf ou une vache a le quartier, il faut
chercher dessous le gosier si vous y trouvez une glande comme une petite noix ;
si elles ont cette glande, c'est une preuve
qu'elles ont le quartier ; & aux chevaux,
c'est la même marque. Vous chercherez
aussi dans tous les membres si la peau de
la bête ne feuillete point, & s'il n'y a

A

point d'enflures ; alors si vous trouvez ces marques sur la bête , vous ferez ce qui suit pour la guérir.

Vous prendrez un bon verre d'huile d'olive , un verre de bon vin , une tête d'ail & un peu de poivre , que vous pilerez ensemble , & leur ferez avaler le tout; & si la bête a une des jambes tirante , qu'elle ait de la peine à marcher , vous la saignerez aux petits onglons de la jambe malade. Si vous voyez que le mal soit par le corps de la bête , vous lui ferez deux ouvertures derrière chaque épaule , & vous mettrez dans les ouvertures de la racine d'ortie avec un peu de sel. L'on ne donnera à manger à la bête que peu de nourriture , jusqu'à ce qu'elle se porte mieux.

Autre remède pour connoître quand une vache ou un bœuf a le frelin ou le cossu.

Vous mettez la main dans la gueule de l'animal , & si vous trouvez que le palais soit enflé , vous n'hésiterez pas de faire une saignée au palais de la bête , & lui laverez ensuite la gueule avec du vinai-

(3)

gre , du poivre & des porreaux , & lui
ferez avaler le tout.

Autrement.

Vous lui traverserez l'oreille avec une
alêne , & mettrez dans le trou un morceau de racine appellée pate de lion ou
hellébore , ce qui fera ramasser tout le
venin du corps de la bête.

Pour guérir les chevaux des avives.

Prenez de la ciguë que vous pilerez ,
mettez du gros sel parmi, puis en exprimez le jus, que vous ferez distiller dans
l'oreille du cheval , & du marc par dessus , & le faites promener quelque tems.

Pour faire venir la corne à un cheval.

Prenez du vieil oing, suif de bouc ou
de mouton, huile d'olives , de chacuu
une once ; de la seconde écorce du sureau
ou ieble , avec de la cire neuve , dont
vous composerez un onguent.

Pour les chevaux encloués.

Prenez de l'onguent de Villemaigne ,
& en mettez dans l'enclouure.

A 2

Pour le même.

Prenez le jus de feuille de sureau, puis le marc par dessus, & faites le ferrer.

Pour le même : Recette de feu M. le Maréchal de Biron.

Prenez résine, picis navalis, ceræ novæ, onguent basiliconis, de chacun deux onces; sebi hircini, trois onces; téréb. vénét. holsiti optimi, de chacun quatre onces, omnibus liquefactis ac permixtis, adde saccharum pulverisatum, ut fiat emplastrum.

Il faut tirer le clou ou l'escot, & faire une fente de longueur, puis avoir un fer chaud pour le faire dégoutter & fondre dedans, & mettre de la bourre par dessus ou de la poix, en la retraite, qui est un clou recourbé par le milieu, qui presse le pied, & qui est plus dangereuse que la simple enclouure : car l'apostême vient à soustiller quelquefois entre la corne & le poil : on la découvre quand on vient à frapper sur les deux pieds : celui duquel il se freint, c'est celui qui fait le mal.

Pour le second, il faut verser de l'onguent par dessus & engraisser autour deux fois le jour : si vous ne pouvez avoir l'escot, il le fait tomber en deux jours.

Il ne faut pas s'arrêter au chemin pour enclouer ou faire déferrer le cheval.

Cette recette est venue de M. le Maréchal de Biron qui la tenoit bien secrète, & donnoit de l'onguent à ses amis.

Autre pour l'enclouure : Recette de M. de

Turenne.

Prenez poix de Bourgogne, gomme élémi & galbanum, de chacun deux onces ; fondez le tout ensemble avec de l'huile rosat ; il n'en faut appliquer que deux fois au pied du cheval.

L'usage.

Il faut mêler avec ladite emplâtre un peu de suif, & quand on découvre l'enclouure, l'appliquer tout bouillant, & mettre par dessus un peu d'étoupes, cela guérit en un jour.

Pour la piqûre : Recette de M. le Duc
de Veimar.

Prenez de l'ortie blanche & la pilez,

y ajoutant du sel & du poivre tant soit peu : exprimez le jus & le faites dégoutter dans le trou , puis le marc par dessus & boucher avec du suif ou de la cire & faire ferrer.

Pour le même.

Prenez de la cire jaune , térébenthine de Venise , une once & demie ; gomme élémi , une livre ; résine , storax liquide, benjoin , quatre onces ; bétoine & plantin , huit manipules ; sommité d'hypericum , quatre manipules ; de l'huile d'hypericum la quantité qu'il en faut ; le tout sera fait en onguent, duquel désirant vous servir , vous en ferez fondre un peu dans une cuiller d'argent , ferez dégoutter dans le trou & ferrer en même tems. Cette recette a été donnée pour bien expérimentée.

Pour le farcin des chevaux.

Prenez de la graine de frêne , quatre onces ; gomme d'églantier , une once & demie ; de toutes ces choses il faut faire une poudre comme s'en suit :

Premièrement il faut sécher ladite

graine de frêne ; après lui avoir ôté une pellicule qui est dessus , la mettant sur une brique dans le four médiocrement chaud. On en fera de même du cumin & des pommes d'églantier , prenant garde toutefois que les uns & les autres bouillent : le tout ainsi séché , il le faut piler ou conjointement , ou séparément.

L'usage.

Il faut faire saigner le cheval le matin, & commencer à midi à lui donner de la poudre ; trois jours après il le faut faire saigner derechef , & au huitième jour réitérer encore la saignée. Si le mal est grand , on donnera trois fois le jour de ladite poudre : le matin , à midi & le soir.

La dose de ladite poudre est une pincée.

La manière de la donner est dans du pain , jusqu'à guérison.

Pour le même.

Prenez du lierre terrestre , une petite poignée , que vous froisserez dans la main , ajoutant une pincée de sel , &

mettrez dans l'oreille du côté du farcin , bouchant bien l'oreille avec du coton , la garottant avec un cordon , & l'y laisser environ trente heures , qui est le tems de la guérison.

Pour le même.

Prenez des racines d'oseille ronde , & feuilles de lierre terrestre hachées ensemble , que vous mettrez parmi l'avoine du cheval , & il guérira pourvu que le maréchal n'y ait mis le ferrement.

Pour un javart.

Prenez le levain blanc de cinq ou six poireaux , quatre onces de vieux oing , cire neuve , huile d'olives , de chacun deux onces , un demi-septier de vinaigre ; mettez le tout dans un pot neuf, & faites le bouillir deux ou trois bouillons , jusqu'à ce que le vinaigre soit consumé ; c'est pour faire quatre emplâtres & plus.

Pour la pousse des chevaux.

Après la purgation sous-écrite , qui suffit seule s'ils ne sont que gros d'haleine , il leur faut mêler dans leur avoine, pendant trois jours soir & matin , une pinte

de lait tiède, une poignée de lin concassé : cette semence est fort particulière
pour cela, les maquignons s'en servent
fort pour donner à leurs chevaux.

Pilules pour purger les chevaux.

Prenez de l'aloës calabin, une once &
demie ; agaric, demi - once ; coloquinte
préparée, une drachme ; thériaque diu-
tessuren, une once & demie ; mêlez le
tout ensemble, & l'incorporez dans une
livre de lard qui ait trempé deux fois
vingt-quatre heures dans de l'eau fraîche,
qu'il faut changer de trois heures en trois
heures ; formez - en des pilules grosses
comme une noix, que vous couvrirez de
poudre de réglisse ou de son, & les ferez avaler : il faut auparavant que le
cheval ait demeuré bridé l'espace de trois
heures.

Après les avoir prises, vous lui ferez
avaler de l'huile d'olive demi-livre, mêlée
dans une pinte de vin qui soit tiède, le
couvrant bien, & le promenant l'espace
de trois heures, après quoi le remettre à
l'écurie, & ne lui donner point d'avoine
de trois jours.   A 5

Il ne sera abreuvé que le lendemain à midi, que l'on lui fera boire dans l'écurie de l'eau blanche, avec de la farine & un peu de son ; au même tems vous le menerez à la rivière, lui faisant tremper tout le ventre jusqu'aux côtés l'espace de demi-heure, & ne le laisserez boire, car il auroit des tranchées ; puis le remenerez en l'écurie, & lui donnerez du foin ; la purgation est trente heures avant que d'agir, ordinairement c'est au sortir de la rivière qu'elle fera son effet, qui dure quelquefois deux jours : ils vuident des puanteurs incroyables, & quelquefois glaires.

Durant la purgation ils sont tristes & dégoûtés, après les trois jours, il leur faut nettoyer la bouche avec du poireau, du sel, du vinaigre, & leur donner un coup de corne.

Après quoi ils ont un appétit incroyable, & deviennent fort gras en peu de tems ; c'est la meilleure recette du monde pour remettre les chevaux qui semblent être perdus ; il y en a qui purgent leurs chevaux de trois mois en trois mois de ces pilules ; cela leur donne le port bon.

Pour breuvage à un cheval.

Prenez du miel rosat, poudre cordiale, anis battu, de chacun une once ; pour 5 sols de scammonée, huile d'olives, deux onces, pour un sou de safran, une pinte de vin blanc, de la coloquinte, & rhubarbe.

Breuvage pour un Cheval morfondu.

Prenez des clous de girofle, muscade, poivre, de chacun une demi once ; cumin, fromagie, de chacun une once & demie, gingembre, une drachme ; miel commun, huile d'olive, de chacun quatre onces : vin blanc du plus fort, chopine ; mêlez le tout ensemble & faites le boire au cheval.

Pour les maux de tête des Chevaux.

Il leur paroît sous la langue comme la pepie, sur laquelle il faut appliquer avec une petite éponge de la thériaque détrempée dans du vinaigre rosat, & y en remettre souvent, & ils guériront assurement.

Pour le même.

Prenez de la farine de froment, térébenthine, sang de dragon, quatre onces de chacun ; mastic en poudre, une once ; quatre moyeux d'œuf, le tout bien mêlé sera appliqué sur le front du cheval pendant trois jours.

Pour faire écumer un Cheval, & qu'il ait la bouche fraîche.

Il faut envelopper l'embouchure du mors de poudre de staphisagria.

On aime un cheval qui a la bouche fraîche, parce que ceux qui l'ont sèche sont plus dégoûtés, & sont presque demi-heure avant que de manger quand ils sont arrivés à l'écurie.

Pour teindre le silaire, quand ils sont vieux.

Prenez égales parts de chaux éteinte & de litarge d'or préparée, mêlez-les en forme d'onguent, duquel frottez le poil à contre-poil, & mettez par-dessus quelques feuilles vertes, il est tout à fait teint en deux fois : cela teint bien, si on y met de l'encre noire.

Remèdes pour un Cheval qui pisse le sang.

Prenez du jus de rue, détrempez-le avec du vinaigre, & versez-en dans la bouche du cheval huit jours de suite. Ou bien, faites-lui trois matins de suite une saignée sur le nerf tendant ; c'est un remède éprouvé.

Lorsqu'un Cheval est galeux ou teigneux.

Prenez du vieil oing ou sain-doux, de la poudre à canon, un peu d'alun, de savon de Venise & du verd de gris, cela le guérira.

Lorsqu'un Cheval est échauffé avec ébul-
lition de sang.

Ouvrez-lui la veine sous la langue, faites une infusion sur les fibres, prenez ensuite une demi-once de thériaque & un quart d'once d'eau d'oseille, & vous verrez que la chose ira mieux.

Lorsqu'un Cheval a l'urine couleur de sang.

Faites un potage de vin ; mettez-y deux noix muscade rapées, avec un peu de lard tranché en lardon : faites en boire un peu tiède à la bête. Le remède est très-bon.

Pour faire sortir les Taupes d'un jardin.

Faites un fagot de chanvre vert, & le mettez dans une fosse de deux ou trois pieds de profondeur, que vous couvrirez de terre, & en se pulvérisant il donnera une telle puanteur, qu'elle fera mourir, ou chassera les taupes qui y seront.

Autrement.

Il y faut répandre de la fiente de pourceaux.

Pour faire tomber les Chenilles.

Remplissez un pot neuf de charbons ardents, & mettez de l'encens, avec gomme noire, & présentez le pot aux branches où il y aura des chenilles, ladite fumée les fera toutes tomber & mourir.

REMÈDES

Pour les différentes maladies de bêtes à cornes & autres.

Manière de connoître & de traiter la petite Vérole pourpre dans les animaux.

CETTE maladie fait mourir bien de

bétail, à cause que la peau des animaux est si dure, que rarement la malignité peut-elle se faire jour à travers. On a remarqué que tous ceux qui en guérissent ont été couverts de gale, & même que tout le poil est tombé à quelques-uns.

Signes de la Maladie.

Ils ont la tête basse, les oreilles froides & pendantes, le regard triste, les yeux troubles & larmoyans, & il en sort une chassie purulente ; les naseaux plissés, & il sort de leur cavité une matière glaireuse & très-épaisse. Il sort aussi de leurs poumons une haleine très-puante. Ils ont une grande peine à respirer, accompagnée quelquefois de battemens de flancs & d'une toux très-violente, & un frisson qui les tient si violemment, qu'à peine peut-on les réchauffer.

Les vaches tarissent totalement ou en partie ; suivant que la fièvre est plus ou moins forte.

Les bêtes que l'on a ouvertes & anatomisées dans cette maladie, tant bœufs que vaches mortes ou mourantes, avoient

un des estomacs, nommé le livre ou pseau-
tier à cause des différens feuillets qui le
composent, d'une dureté si considérable,
qu'à peine la hache pouvoit-elle se faire
jour à travers. Cette dureté ne doit pas
être regardée comme cause de la maladie ;
mais comme accident : car cette dessica-
tion n'est qu'un effet de la violence de la
fièvre. On leur a trouvé aussi l'épiploon,
les intestins grêles, & le mésentère très-
enflammé & parsemé d'une grande quantité de taches livides, qui faisoient voir
visiblement une très-grande malignité &
un sang presque gangrené. La vésicule
du fiel étoit si pleine & si tendue, qu'elle
avoit quatre fois la grosseur naturelle rem-
plie aux uns d'une liqueur semblable à de
la poix fondue, & aux autres comme une
eau claire, n'ayant nulle consistance. Le
foie, la rate & les reins très-peu altérés.
Le boyau droit ou *rectum* à quelques-uns
très-ulceré. Passant dans la dissection du
bas ventre à la poitrine, on a trouvé à
quelques uns les poumons très-enflammés
& quelquefois très-ulcerés. A l'égard du

cerveau, il étoit presque dans son état naturel.

Manière de traiter cette maladie.

Par les observations ci-dessus il a paru que la saignée étoit très-nécessaire, parce qu'en désemplissant les vaisseaux, le sang circule & se développe plus aisément. C'est pourquoi il est nécessaire que du moment qu'on apperçoit que quelques-uns de ces animaux tombent malades, de les faire saigner promptement à la veine du cou, & on doit même réitérer la saignée deux ou trois fois, à douze heures de distance l'une de l'autre.

La quantité de sang qu'on doit tirer sera porportionnée à la force de l'animal ; savoir, aux bœufs, deux livres chaque fois, aux vaches, une livre & demie ; aux jeunes taureaux & génisses une livre.

Une demi-heure après chaque saignée, on leur fera prendre un breuvage composé comme suit :

Un pot de vin & un pot d'eau qu'on mettra ensemble, absynthe, sauge & cresson d'eau ou aquatique, de chacun

une poignée, que l'on hachera bien menu.
On fera bouillir le tout pendant un quart-
d'heure, puis on passera à travers un
linge, & on ajoutera dans la liqueur demi-once de safran coupé bien menu. On
partagera cette liqueur en quatre parties
égales, qu'on donnera à la bête malade
de quatre en quatre heures. Il faut que le
breuvage soit chaud, & on ne lui donnera
rien dans l'intervalle des prises.

Si la maladie augmente, on lui donnera
le breuvage suivant.

Une chopine de bon vin, demi-once de
fiente de pigeon fraîche ; & en cas qu'on
n'en trouve pas, on prendra de celle de
poule, en en mettant un peu plus ; deux
gros de soufre, un gros d'ellebore ou
mausser en poudre, un gros de sabine,
pour les bœufs, demi gros pour les vaches, & aux jeunes taureaux & génisses
à proportion, trois gros de salpêtre, une
grosse poignée bien écrasée de genièvre.
On laissera infuser le tout une demi-heure
sur la cendre chaude, se donnant bien
de garde de le faire bouillir. On partagera

ce breuvage en deux prises, qui seront données à douze heures de distance l'une de l'autre. On réitérera ce remède suivant le besoin.

Il faut observer de ne point donner aux vaches pleines ni sabine, ni ellebore.

Pendant toute la maladie on aura soin de leur faire boire très-souvent de l'eau dans laquelle on aura fait bouillir bourrache & buglose, plantes cordiales qui se trouvent communément dans la campagne & les jardins.

Pour les Bêtes qui ont le flux de sang
ou de ventre.

On prendra une chopine de vin rouge, deux gros roses de provins, demi-once poudre de coques de gland, une demi muscade rapée, trois gros de brique ou de tuile en poudre très-fine. On fera infuser le tout sur la cendre chaude pendant une demi-heure, puis on donnera le remède à l'animal, & on le laissera quatre heures sans lui rien faire prendre. Dans les endroits où on pourra trouver du sumac & du bol, on en mettra dans le breuvage une demi-once de chacun, & l'on réitérera le remède selon le besoin.

Autre remède pour le flux de ventre.

Pour le flux de ventre qui vient pour avoir mangé herbes ou autre chose de difficile digestion, il faut empêcher les bêtes de manger aucunes herbes pendant deux ou trois jours ; mais on leur présentera durant ce tems-là des feuilles d'oléâtre, de plantin, de queue de cheval, & quelquefois de la graine de morelle. On ne leur donnera alors que très-peu à boire, & même rien le plus souvent.

Autre.

Ne donnez à manger pendant quelques jours à la bête qui a le flux de ventre, que des feuilles d'origen tendre, & d'auronne de jardin, & ne lui donnez à boire chaque jour que deux bocals d'eau où vous aurez fait tremper des feuilles de laurier.

Pour le ventre constipé.

Pour lâcher le ventre prenez 2 onces de lierre, une once d'aloës hépatique ; triturez le tout dans l'eau tiède, & faites le avaler le matin à la bête.

Pour arrêter le pissement de sang.

Faites avaler à la bête jus de plantin, avec de fort bonne huile ; prenez poudre de tartre & de courge sauvage, détrempez-les dans du viu rouge & des blancs d'œufs, & faites le lui avaler avec une corne. Si vous ne lui appaisez ce pissement, dans 24 heures elle mourra.

Quand la Bête ne peut pisser.

Si la bête ne peut pisser qu'avec peine, saignez-la de la veine de la vessie, & faites-lui avaler pendant trois matins consécutifs un breuvage fait de miel, d'huile & de vin blanc, le tout bouilli ensemble, puis vous la laisserez reposer huit jours.

Pierre dans la verge.

Si le bœuf a la pierre dans la verge, jettez le par terre, puis faites lui tenir la verge avec des tenailles un peu plus haut que l'endroit où sera la pierre ; faites ensuite ouverture au côté de la verge pour en tirer la pierre : puis consolidez la plaie avec térébenthine lavée quatre fois dans de l'eau de queue de cheval.

Pierre dans la vessie.

Si le bœuf a la pierre dans la vessie , prenez deux onces de fenouil marin pilé, deux drachmes de cloux de girofle , une drachme & demie de poivre : pilez le tout & lui faites avaler dans du vin rouge tiède. Si ce remède n'opère pas , étant réitéré quelques jours, il faudra tailler le bœuf pour tirer dehors la pierre.

Pour la verge endurcie.

Oignez deux fois le jour la verge endurcie du bœuf, d'un onguent fait de racines de guimauve pilées & du beurre frais.

Breuvage & préservatif contre diverses maladies du bétail.

Prenez une chopine de bon vin, dans laquelle vous mettrez safran coupé bien menu , le poids de deux gros ; deux coques d'œufs calcinées & réduites en poudre ; un gros de soufre. Après que l'animal aura avalé le remède , on le laissera 2 heures sans manger.

Il ne faut pas omettre de faire parfumer souvent les étables avec bois & grains de genièvre.

On peut aussi pendre au cou des bêtes du camphre, la grosseur d'un œuf, enveloppé dans un morceau de cuir.

Au sac de camphre on y mettra une tête d'ail, ou un crapaud séché au four.

La poudre de crapaud est un très-bon préservatif. On peut en faire prendre deux ou trois fois par semaine au bétail, deux à trois gros chaque prise dans une chopine de vin.

Pour le charbon ou les abcès qui viennent à la langue des bœufs ou autres bêtes à cornes.

Il y a quelques années que le bétail fut attaqué dans quelques provinces de France, d'un abcès ou chancre à la langue, qui en fit mourir un très-grand nombre avant qu'on eût trouvé le remède qui suit :

Prenez de l'ail, du poivre & du sel, pilez le tout ensemble, & le mettez dans du vin ou du vinaigre, avec lequel vous laverez la plaie plusieurs fois le jour, en observant de ratisser auparavant l'endroit malade avec une cuillier ou un autre instrument.

Quelquefois les bords de la plaie deviennent durs & calleux ; pour cela vous prendrez le bout d'un morceau de fer trempé dans l'esprit de vitriol. On procurera la chûte de l'escarre en lavant souvent la plaie avec du vin , dans lequel on aura mis du miel commun, du sel & de l'ail pilés & un peu d'eau-de-vie.

Pendant le traitement, il est nécessaire de purger l'animal deux ou trois fois avec roquille de vin , une tête d'ail pilée, deux gros de fleur de soufre & une once & demie d'*assa-fœtida.*

Autre recette pour le chancre volant , qui attaque les bœufs , vaches & veaux, & quelquefois aussi les chevaux , mulets , ânes , chèvres , porcs , &c.

Cette maladie fit beaucoup de ravages en 1682 & en 1705 dans le Dauphiné , la Savoie & la Suisse , &c.

Elle se manifeste par une espèce de pustule ou de vessie, qui survient au bétail

tail au-dessus ou au-dessous de la langue & plus bas contre le gosier, où il se forme une pourriture qui leur fait tomber la langue en 24 heures, si on n'y apporte promptement les remèdes suiv.

1°. Il faut racler la plaie, vessie ou crevasse avec une cuiller ou une pièce d'argent, jusqu'à ce qu'elle saigne bien. Il faut éviter que la bête n'avale ce qui s'en détache en raclant.

2°. Il faut ensuite laver la plaie avec de l'eau fraiche.

3°. Il faut prendre une pièce ou coupeau de drap écarlate, la tremper dans du vinaigre & du sel, en frotter la plaie plusieurs fois, la trempant chaque fois. On aura soin de brûler cette pièce de drap pour éviter l'infection, & ce morceau de drap ne pourra servir que pour une seule bête malade.

4°. Il faut prendre des ails, de la sauge, des artichaux sauvages, qu'on appelle ordinairement joubarbe, & en latin *semper vivum majus*, qui croît sur les toits ou murailles; du plantin, de la racine d'impératoire. On pilera le tout ensemble, on le mêlera avec du sel & du vinaigre, & on en frottera la plaie & toute la gorge assez long-temps.

Celui qui traitera le bétail malade, doit avoir soin de se bien laver les mains avec du vinaigre ou de l'eau-de-vie, pour éviter la communication du mal.

Lorsque ce mal survient dans une province, il faut être attentif à visiter souvent la langue & toute la gorge du bétail, & la lui laver de temps en temps avec du vinaigre & du sel. On donnera aussi à manger, tant au bétail sain que malade, du pain avec des bonnes herbes hachées, mêlées avec du sel.

Recette admirable pour la pulmonie des bœufs & des vaches.

Prenez une once & demie d'huile d'aspic, une once & demie d'huile de genièvre, une cuillerée d'alun pulvérisé, une cuillerée de poudre à canon ou salpêtre, une cuillerée de limaille de cuivre : puis pilez le tout très-fin, & mêlez cette poudre dans les huiles en les bien brassant jusqu'à ce que la poudre soit bien déliée, car c'est une des raisons principales. Dès que l'on a rédnit toutes ces drogues en poudre, il faut bien les brasser dans l'huile ; cela fait, vous en mettrez dans chaque narine du bœuf ou de la vache une cuillerée & demie, & pour pouvoir le mettre, vous ferez tenir la tête de la bête bien haute, afin que les poudres descendent sur les poumons, & vous ne la lui laisserez pas rabaisser que vous n'ayez connu que le remède soit descendu sur les poumons, & alors vous lui mettrez dans chaque oreille un demi-verre de bon vinaigre qui par sa force oblige la bête à secouer la tête avec violence ; ce qui fait encore mieux descendre le remède. Il fera son effet peu de tems après, en obligeant la bête à jeter par les naseaux beaucoup de vilainie & poumons pourris, en faisant des efforts extraordinaires qui ne doivent pourtant pas vous étonner, car il n'en arrivera aucun mal ; cependant comme cela affoiblit & dégoûte la bête de manger, vous en aurez du soin, tâcherez de la faire manger ; vous lui donnerez trois fois ce remède à jeun, & de deux jours l'un, autrement il seroit dangereux. Vous ne lui donnerez à manger que deux heures après. Si après les trois doses prises le mal continue, il faut aussi réitérer le remède. Les vaches pleines n'avorteront point.

On a remarqué qu'il y a de ces animaux d'un tempérament plus fort & plus robuste que les autres, & qui ne jetent pas avec la dose susdite ; vous leur mettrez donc deux cuillerées à chaque narine, au lieu d'une cuillerée & demie, & un peu plus de vinaigre à chaque oreille. Vous verrez qu'ils jeteront bien.

Il ne faut plus donner le remède, lorsqu'après avoir bien jeté ils ne jetent plus.

La vertu du remède est de faire détacher & sortir le poumon pourri & gâté, de sorte qu'il ne reste que celui qui est sain.

Autre secret pour guérir les Bœufs & Vaches de la pulmonie.

Prenez deux livres & 3 onces de croue

métallerone , 1 livre de soufre de tartre ,
une once & demie de poudre d'orviétan ;
mettez toutes ces drogues ensemble , après
les avoir bien pilées , donnez-en 2 onces à
la bête malade , de deux jours en 2 jours ,
pendant dix ou douze jours , avec deux
verres de vin rouge , dans lesquels il faut
jeter lesdites drogues pour les donner plus
aisément. Il en faut aussi donner une once
& demie une fois la semaine aux bêtes
qui n'ont point encore de mal , afin d'empêcher que le mal leur vienne. On les
laissera sans manger trois heures avant &
trois heures après le remède. Remarquez
que pour détourner le mal , il faudra leur
donner ce remède pendant un mois une
fois la semaine. S'il y a beaucoup de bétail
il faut doubler les drogues , & faire en
sorte qu'on leur en puisse donner pendant
un mois ou six semaines.

Pour une Vache qui a perdu son lait.

Prenez du pourpier , de la véronique ,
& du sel avec de la lèche ; donnez-en
tout pulvérisé à la bête.

Pour les Bêtes qui ont des poux.

Prenez les cimes des sapins & des pins, & des brins de genevrier, & du savinier; faites-en une décoction ou lessive, & lavez-en la bête; cela fera mourir dans une nuit toute cette vermine.

Pour le Bœuf qui a le pied enflé.

Appliquez-y un cataplasme de feuilles de sureau avec du vieil-oing. S'il a la corne fendue, prenez du vinaigre, du sel & de l'huile avec de la poix, faites-en un onguent, mettez-le dessus, & il guérira.

Pour préserver les Bœufs, Vaches & autres Bêtes de maladie.

Purgez-les deux fois par année avec du lupain & graine de ciprès, que vous aurez mis tremper dans du vin l'espace de vingt-quatre heures.

Pour donner appétit au Bétail.

Prenez du sel & du vinaigre frottez leur en la bouche.

Pour dégonfler le Bœuf.

Il faut lui mettre la main dans le fondement, & une corne percée des deux bouts, cela le dégonflera.

Pour lui lâcher le ventre.

Faites lui avaler deux onces d'aloës avec de l'eau & du vin.

Pour le Bœuf qui pisse le sang.

Prenez du liège, & faites-lui avaler.

Pour une Vache qui a mal à la tetine.

Prenez de la terre grasse, cuisez-la avec du lait & appliquez-la dessus.

Contre la morsure d'un frélon.

Frottez la bête mordue, de céruse dé-trempée dans de l'eau, & arrosez les endroits où elle pâturera de décoction de graine de laurier pour faire fuir les taons. Pour préserver la bête, on peut la frotter de cette décoction, & si elle a été piquée, mouiller l'endroit avec la salive de ladite bête.

Pour les Bœufs qui ont mangé de la bête appelée fouille merde.

Faites-leur d'abord avaler du lait de vache, ou décoction de figues sèches ou dattes dans du vin , & donnez-leur des clystères fort âcres.

Pour les Bœufs rogneux.

Frottez-les d'ail broyé, de sariette avec du soufre & du vinaigre, de noix de galle pilée dans du jus d'herbe à chat ou *marrubium* , avec de la suie.

Pour les Ulcerés.

Frottez de mauves pilées & mises dans du vin blanc.

Pour les cloux & apostumes.

Il les faut faire mûrir avec du levain, oignon de lis ou de squille , & du vinaigre, les crever & les nettoyer avec l'urine chaude de la bête, y mettre des tentes trempées dans la poix liquide, enfin de la charpie trempée dans du suif de chèvre ou de bœuf.

Pour le mal des yeux.

S'ils sont enflés & tuméfiés, l'on fait un collyre de farine de froment pêtri avec de l'hydromel. S'il y a taie ou ongle, on prend du sel ammoniac, & on en fait en onguent avec du miel. S'ils larmoient &

salissent les joues du bœuf, en distillant sans cesse, prenez de la bouillie de farine de froment, faites-en un cataplasme sur l'œil.

Le pavot sauvage, tige & racine pilée avec le miel, sert de collyre.

Pour le mal des flancs.

Faites un cataplasme de trois poignées de semences de choux, avec un poisson d'amidon; pilez le tout ensemble, & délayez-le dans de l'eau froide, puis appliquez-le sur les parties malades. On peut aussi prendre trois poignées de feuilles de cyprès sans le rameau, & en faire comme dessus, en y ajoutant de fort vinaigre, lorsqu'on le dissout.

Pour le mal de reins.

Il faut tirer du sang des veines du train de derrière, ou bien de la veine appelée matrice, qui se trouve le long des flancs approchant des reins, & donnez leur à boire du jus de poireaux, ou bien de leur urine.

Pour la difficulté de l'haleine.

Traversez-lui l'oreille ou la grande

peau du gosier avec de la racine de pome-
lée, ou de patte de lion, ou d'ellebore.

Pour les épaules retirées.

Si la bête a une épaule retirée, il faudra la saigner au pied de derrière du côté
opposé. Si elle l'est des deux, on la saignera des deux pieds.

Pour quand le Bétail a le cou froissé.

Si une bête a le cou froissé & le chenon pendant & enflé, saignez-la d'une
oreille. Si c'est au milieu, saignez-la de
toutes les deux, & mettez sur le mal un
emplâtre fait avec de la moëlle de bœuf
& du suif de bouc, fondus par égale
portion dans de l'huile ou de la poix liquide ou fondue ; frottez-la aussi avec
une couenne de lard sans rien de gras. Il
faut que cette couenne soit d'un mâle un
peu échauffé. Continuez matin & soir,
l'espace de cinq ou six jours.

Pour quand la peau tient aux os.

Bassinez la bête avec du vin, ou seul,
ou mêlé avec de l'huile.

Pour les Bœufs qui clochent.

Si un bœuf cloche, pour avoir eu froid aux pieds, il le faut laver avec son urine vieille & tiède. Si c'est par l'abondance du sang qui se retire au pâturon & sur le pied, il le faut résoudre en frottant bien fort & scarifiant ; s'il ne veut partir par ce moyen, & s'il est déjà descendu, il faudra fendre l'ongle par le bout jusqu'au vif, & l'en faire sortir, & envelopper le pâturon d'une bourse de peau jusqu'à la guérison, crainte que l'eau n'y fasse du mal. Si c'est un nerf foulé qui le fasse clocher, il le faut bassiner avec du sel & de l'huile. Si c'est un genou enflé, il le faut bassiner avec du vinaigre chaud, ou la décoction de millet & de graine de lin. En tous événemens il faut sonder l'endroit malade, & mettre dessus du beurre frais, lavé dans de l'eau & du vinaigre, & à la fin faire de l'onguent de beurre salé avec de la graisse de chèvre. Si le bœuf cloche pour s'être planté quelques échardes, ou heurté contre quelque pierre, il faudra bassiner l'endroit avec de l'urine chaude , & mettre dessus du vieux oing fondu dans de l'huile & poix liquide. Rien ne les préserve plus de clocher que de leur laver les pieds avec de l'eau froide , aussitôt qu'ils sont découplés , & de les frotter ensuite avec du vieux oing.

Pour les Bœufs qui ont la corne fendue.

Si la corne est fendue , étuvez-la d'abord de vinaigre , de sel , mêlés ensemble ; mettez y après cela du vieux oing fondu dans de la poix neuve , ou bien graissez-la lui de surpoint pour cinq ou six jours , car cela lui désaigrira la corne & avalera les crevasses.

Pour les ongles tombés.

Faites un onguent avec une once de térébenthine , une once de miel , autant de cire neuve : oignez-en l'ongle l'espace de dix sept jours.

Pour quand un Bœuf est lâche.

Donnez-lui tous les mois de la vesce pilée & détrempée dans son boire.

Pour la lassitude.

Frottez-lui les cornes de térébenthine

détrempée dans de l'huile ; mais prenez
bien garde que vous ne lui en frottiez le
mufle ou les naseaux, car l'huile leur fait
perdre la vue.

Pour les envies de vomir.

Frottez-lui le mufle avec des aulx ou
poireaux broyés, & faites lui en avaler,
ou dans une pinte de vin, principalement
à la colique & au bruit du ventre.

Pour les barbes.

Coupez-les, ensuite frottez l'endroit
avec du sel & de l'ail broyés ensemble ;
lavez lui ensuite la bouche avec du vin,
& tirez doucement avec des pincettes les
vers qui s'engendrent sous sa langue.

Pour la fièvre.

Saignez le de la veine du front ou de
celle de l'oreille, donnez-lui de la nourriture raffraîchissante, comme laitues &
autres ; bassinez-lui le corps avec du vin
blanc, & faites-lui boire de l'eau froide.

Pour les Bœufs qui ont le palais enflé.

Saignez-les de la veine du palais, &
après la saignée ne leur donnez à manger

que des aulx bien pilés & écorchés, avec de la feuille ou autre verdure, ou foin mollet, jusqu'à ce qu'ils se trouvent mieux.

Pour la Toux.

Faites-leur boire de la décoction d'hyssope & manger des racines de porreaux pilées avec du pur froment ; ou bien faites leur boire pendant sept jours de la décoction d'armoise.

Pour un Bœuf qui a avalé une sang-sue.

Si la sang-sue est encore attachée au gosier, faites-la lui tomber en lui versant de l'huile tiède dans la bouche. Si elle est dans l'estomac, entonnez-lui du vinaigre.

Pour délasser la corne.

Renforcez-la premièrement dans son endroit, puis oignez tout le sommet de la tête d'onguent préparé du cumin pilé, térébenthine, miel & bol d'Arménie, le tout cuit & incorporé ensemble : après cela fomentez la corne avec la décoction de vin, où on aura fait bouillir des feuilles de sauge & de lavande.

Pour le Bœuf qui a le cou enflé.

Si le cou est enflé, & qu'on soupçonne

qu'il y ait une apostume ; ouvrez-la avec
un fer chaud, mettez dans l'ouverture de
la racine d'orties, que vous renouvelerez
souvent. On peut lui donner à boire un
grand gobelet de décoction de sainfoin,
& même le saigner.

Pour le cou écorché.

Mettez sur le mal une emplâtre faite
de la moëlle des os de cuisses de bœuf,
de saim & graisse de bouc, & graisse de
porc, le tout en égale quantité, mêlé
& fondu ensemble.

Pour le Chenon pelé.

Oiguez le lieu d'un onguent fait avec
six onces de miel, quatre onces de mastic,
le tout bouilli ensemble.

Pour le Chenon endurci.

Laissez reposer pendant quelques jours
la bête, durant lesquels vous lui frotterez
la place endurcie, avec du beurre, huile,
lard de porc & cire neuve, le tout en
égale portion, & fondu & mêlé ensemble.

Pour le Chenon enflé.

Faites un onguent avec de la racine

d'aune bien cuite & pilée avec de la graisse de porc, sain de mouton ou de bouc, miel cru, encens & cire neuve, & frottez le chenon trois fois le jour de cet onguent; savoir, le matin, le soir & à midi.

Pour les douleurs de ventre.

Donnez-lui à boire de la thériaque ou mithridate détrempée dans du vin, puis saignez-le la matinée suivante sous la langue; ou bien, faites-lui avaler de la décoction de rue & de camomille subtilement pulvérisée; laissez-le ensuite reposer pour le moins sept ou huit jours, lui donnant fort peu à manger, le tenant bien couvert dans une étable tiède.

Autre pour le même.

Prenez quatre onces de térébenthine incorporée avec du sel pulvérisé, faites-le lui avaler en forme de bolus ou pilules, breuvages. Le remède est très-bon.

Pour le boyau gâté.

Prenez trois onces de térébenthine, faites les lui mettre dans le boyau par un petit enfant qui ait le bras long & mince, afin qu'il puisse bien l'oindre; continuez eela l'espace de quatre ou cinq jours. Au lieu de térébenthine la graisse de porc pourra servir pour coction.

Pour une jambe rompue.

Pour la remettre, il faudra la tirer avec des cordes en droite ligne, ensorte que les os fracturés se puissent unir & rejoindre également ; lâchez ensuite les deux parties pour se rejoindre ; appliquez tout autour des étoupes trempées dans une mixtion faite de blancs d'œufs, bols d'Arménie & sang-dragon, & bandez la partie si étroitement, que l'os fracturé se puisse joindre & réunir ensemble : accommodez par-dessus ce bandage d'autres étoupes trempées dans du vin pour renforcer les nerfs ; & afin que la partie supérieure & inférieure de l'os fracturé ne s'endurcisse, ou n'acquière quelque mauvaise indisposition, tant pour le bandage que pour la fracture de l'os, frottez l'une & l'autre partie de liniment fait avec une once de térébenthine & autant de beurre & d'huile.

Pour les jambes dénouées ou disloquées.

Remettez d'abord l'os en son lieu, ensuite frottez le avec de la graisse de porc & le bandez.

Pour les pieds retirés ou endurcis.

Prenez des racines de mauve & de guimauve, faites - les bouillir dans de l'eau, pilez - les & passez - les par le tamis, ajoutez y, en les passant, demi-livre d'axonge, trois bocals du meilleur vin : faites bouillir le tout ensemble jusqu'à ce que l'axonge soit fondue ; ajoutez alors de la semence de lin bien concassée & pilez , & faites bouillir le tout ensemble jusqu'à la consomption du vin. Mettez une partie de ce cataplasme sur le pied , & l'y laissez trois jours ; remettez y ensuite le reste , & l'y laissez trois autres jours. Ce remède est fort bon.

Pour la mémarchure.

Faites bouillir du miel & de la graisse de porc dans du vin blanc ; appliquez sur le pied cet emplâtre , & l'y laissez trois jours entiers , & il guérira.

Pour les pieds piqués.

Quand un bœuf s'est piqué le pied contre un clou, épine ou autre chose, taillez la corne du pied le plus près que vous pourrez, puis distillez dedans la piqûre de la térébentine & de l'huile toute chaude, & mettez sur le pied un emplâtre de miel & de sain-doux fondus.

Pour les ongles éclatés.

Prenez du miel, cire neuve & térébenthine, de chacun une once ; faites-en un onguent, appliquez-le alentour de l'ongle l'espace de quinze jours entiers. Ce temps expiré, ajoutez à cet onguent de l'aloës hépatique, du miel rosat & de l'alun de roche, de chacun une demi-once, couvrez-en tout le pied, après l'avoir bassiné de vin tiède miellé.

Pour les ongles blessés.

Cavez l'ongle jusqu'au profond de la plaie avec un ciseau de maréchal, distillez dedans la plaie de l'onguent tout chaud, fait de vieille graisse de porc & sain-doux de bouc fondus ensemble, insérez dedans des étoupes trempées dans ledit onguent.

Pour les ongles qui se séparent.

Il faut premièrement les médiçamenter de l'onguent pour les ongles éclatés que nous venons d'indiquer , jusqu'à ce que l'ongle soit résolu ; fomentez après cela tout le pied l'espace de cinq ou six jours, tous les jours 3 fois, avec du vin ou du vinaigre , où ait bouilli de la chaux vive & du miel, de chacun sept onces.

Pour le palais enflé.

Ouvrez soudainement l'enflure avec une lancette ou un fer chaud , afin que le sang corrompu puisse s'écouler, après cela donnez à manger à la bête quelques herbes ou foin tendres.

Pour les ranules.

Ouvrez-les avec un fer chaud ou avec une lancette fort pointue, frottez - les ensuite de sel & d'huile jusqu'à ce que toute l'humeur corrompue puisse s'écouler ; enfin donnez-lui à manger quelques herbes tendres.

(45)

Pour la langue fendue.

Oignez lui deux fois le jour cette fente
avec un onguent d'aloës , alun de roche
& miel rosat , le tout mêlé ensemble ;
puis lavez-la lui de vin dans lequel il ait
bouilli de la sauge ou autre herbe des-
séchante.

Pour le flux de ventre.

Ne lui donnez pas à boire ni à manger
pendant 4 ou 5 jours : mais donnez-lui
des pepins de raisins détrempés dans du
vin rouge, ou des noix de galle , & de
la graine de myrthe avec du vieux fro-
mage , délayés dans du vin gros & épais
ou des feuilles d'olivier sauvage & de
roseaux sauvages.

Pour entretenir le bœuf sain.

Lavez-lui tous les huit jours la bouche
avec son urine , & vous en retirerez quantité de phlegmes qui le dégoûtent &
l'empêchent de manger.

Pour le catarre.

Faites-lui laver la bouche avec du thym
pilé dans du vin blanc , ou frottez - la

avec de l'ail & du sel menu , ensuite lavez-la avec du vin. Quelques-uns nettoient ces phlegmes avec des feuilles de laurier pilées avec de l'écorce de grenade : d'autres lui mettent dans les naseaux du vin & du myrte.

Pour l'encueur.

L'encueur autrement appelé maillet ou marteau , se connoît quand la bête est hérissée par tout le corps , moins gaie que de coutume , ayant les yeux stupides & hébêtés , le cou panché , la bouche saliveuse , le pas paresseux , l'épine & tout le train du dos roide , lorsqu'elle est tout à fait dégoûtée , & ne rumine guères. Au commencement , ce mal se guérit ; mais quand il est enraciné , il n'y a que le remède suivant qui lui puisse faire quelque chose.

Prenez trois onces de squilles ou oignons sauvages découpés menus , autant de racine de mêlons battus , mêlez le tout avec trois poignées de gros sel , détrempez-le dans trois chopines de vin , & faites-en prendre chaque jour un demi-setier à la bête.

Pour le Bœuf qui a la maille dans l'œil.

Faites-lui un collyre de sel ammoniac détrempé dans du miel ; oignez-le aussi dans l'œil & tout autour avec de la poix bien défaite dans l'huile, à cause des mouches que le miel attireroit, ensorte qu'il en seroit toujours tourmenté.

Pour un Bœuf qui a l'œil troublé.

Soufflez-lui dans l'œil de la poudre d'os desséchée, sucre candi & cannelle, le tout subtilement pulvérisé.

Pour le Bœuf qui a l'œil enflé.

Appliquez-y un cataplasme fait de farine de froment incorporée avec du miel ou de l'eau de miel en forme de bouillie.

Pour le blanc sur l'œil.

Appliquez-y un cataplasme fait de sel, gomme & mastic, pulvérisé subtilement & incorporé avec du miel. Continuez ce remède plusieurs fois.

Pour le porreau sur l'œil.

Fomentez le lieu avec du fiel de quelque bête que ce soit ; ou bien, tranchez le porreau avec le ciseau, ou faites-le tomber en le liant étroitement avec un filet, puis oignez l'endroit avec du fiel, du vinaigre & de l'aloës bouillis ensemble.

Pour l'éphipore.

Distillez continuellement dedans l'œil du miel jusqu'à la parfaite guérison.

Pour les yeux chassieux.

Prenez une once de myrrhe, de l'encens fin & du safran, de chacun deux onces, le tout mêlé ensemble, & dissolvez-le dans de l'eau de citerne, faites un collyre pour distiller dans l'œil.

Pour toutes sortes de douleurs.

Pour toutes sortes de douleurs en quelque partie du corps qu'elle soit, qui est cause que la bête ne fait rien à son aise, faites-y des fomentations, ou appliquez-y des cataplasmes avec de la décoction de camomille, melilot & graine de lin.

Pour l'inflammation.

Si un bœuf s'est laissé tomber en quelqu'endroit dur & pierreux ; ensorte que cela lui ait causé de l'inflammation dans les muscles, soit intérieurs, soit extérieurs,

rieurs, donnez ordre que le bœuf qui sera tombé ne remue d'une place d'abord qu'il sera venu à l'étable. Bassinez la partie offensée, avec de l'eau froide : après usez de linimens confortatifs qui ne soient pas trop chauds. Vous connoîtrez ce mal lorsque les reins du bœuf s'endurciront, que les testicules se racourciront, ensorte qu'il n'en paroîtra presque plus, lorsqu'il ne remuera pas la cuisse à son aise, & qu'il ne se relèvera qu'avec peine lorsqu'il sera couché.

Pour le mal de talon.

Lorsqu'un bœuf a travaillé dans un lieu neigeux ou gelé, ou bien après le dégel, le froid lui fait ulcérer le talon, qui semble vouloir se disloquer ou se partager. Il s'y fait une éminence qui puis après s'ulcère & empêche le bœuf de pouvoir marcher à son aise. Pour ce mal il faut scarifier la partie bien fort avec la lancette, puis mettre un fer léger aux endroits scarifiés, & par-dessus de l'onguent doux ou rosat avec du défensif doxicrat, à la bande dont on l'enveloppe.

L'escare tombée, il faut bassiner la place chaudement avec de l'urine chaude & du vinaigre, ensuite faire un cataplasme ou emplâtre de mélilot, ou de surpoint, ou de vieux oing défait entre les deux mains.

Pour les testicules enflés.

Oignez-les le soir & le matin de saindoux, ou bien bassinez-les de fort vinaigre, où il aura trempé de la craie fine & bouse de bœuf. On assure aussi que le fiel de chien guérit les génitoires enflés des bœufs, quand on les en frotte souvent.

Pour la morsure d'un serpent, scorpion,
musaraigne.

Frottez-lui la plaie d'huile de scorpion ou de savon trempé dans du vinaigre, & le lavez de décoction de gloterons.

Remède contre la mortalité des pourceaux.

Prenez de la levêche, de la racine de chelidoine & de celle de lene. Mettez-les toutes trois enfilées à une corde dedans l'auge parmi leurs lavures, afin que les pourceaux en mangent, cela les conservera sains.

*Contre la morsure des bêtes venimeuses
ou enragées.*

Si une bête est mordue de quelqu'autre bête enragée ou venimeuse, frottez la morsure avec de l'huile de scorpion, ou du savon trempé dans du vinaigre.

Tous les remèdes indiqués ci-devant pour le bétail ont été approuvés & expérimentés, sur-tout dans le temps que les maladies contagieuses régnoient. On en fit en 1712 les plus heureuses expériences. Les remèdes qui sont indiqués dans ce livre, arrêtèrent le mal dans les lieux où on s'en est servi, & ce petit livre est un trésor pour ceux qui veulent conserver leur bétail.

*Pour empêcher que les chenilles ne mangent
les choux.*

Prenez coquilles d'œufs, mettez - les sur de petits bâtons en plantant vos choux, & aucun papillon ne se mettra dessus.

Remède approuvé contre la maladie hépatique des bêtes à cornes, appelée la clavelée ou les drouches, en allemand æglen &c.

Grande & petite gentiane, herbe & racine de pied de veau, grains de genièvre, baies de laurier, herbe hépatique, sauge sauvage, racine de pimprenelle ; le tout en portion égale, réduit en poudre, en y joignant un peu de poivre. On en donnera pendant quelque temps le matin à jeun au gros bétail une petite poignée, & aux brebis à proportion, en observant que pendant cette cure on ne laissera boire que peu.

On peut encore employer contre ce mal des chopets de genièvre, & des feuilles de noyer bouillies dans de l'eau dont on donnera à boire aux bêtes une chopine ou deux par jour.

Pour les brebis on se sert avec succès aussi des écorces & raisins d'épine-vinette, mêlés avec du seigle & du sel ; mais pendant ce temps, on ne les abreuvera qu'une fois en huit ou neuf jours.

Si parmi le gros bétail le mal susdit est fortement enraciné, on pourra donner à une bête attaquée de la sorte un verre d'eau-de-vie, dans lequel on aura infusé une demi-cuillerée de poivre en poudre ; mais il faudra se régler avec cette dose proportionnellement à l'âge des bêtes.

AVIS INSTRUCTIF

Des plus célèbres Médecins du pays sur la maladie du gros bétail.

Signes qui font connoître la maladie dans son commencement & dans ses progrès.

Lorsqu'une bête commence à prendre le mal, on apperçoit qu'elle tremble ou frissonne en diverses parties de son corps, savoir au cou, sur les jambes de devant, sur les reins & successivement sur toutes les autres parties : ce tremblement est presque imperceptible au commencement, ensorte qu'il faut une grande attention, ce qui néanmoins est très-important : au bout de huit jours il augmente considérablement ; alors la bête cesse de manger & de ruminer, quelquefois elle ne reprend plus l'appétit , d'autres fois elle le reprend & mange même avec voracité, mais pendant peu de tems : ses yeux sont étincellans &

égarés , les oreilles pendantes à demi ;
cet état dure 3 ou 4 jours , au bout desquels la bête cesse de manger , ses oreilles pendent tout-à-fait, les yeux sont
mornes & pleureux , les larmes descendent jusqu'aux mâchoires ; il distille par
les naseaux de la pourriture & du sang
caillé ; la plupart ont la langue & le palais chargés de limon ; les unes rendent
des excrémens liquides , jaunâtres & un
peu chargés de matière : d'autres du sang
presque tout pur ; il y en a qui laissent
couler une eau presque pure , seulement
un peu teinte de jaune, & peu de celles-
là ont réchappé. En général, elles sont
fort abattues , ont la tête basse , de la
difficulté de respirer , accompagnée de
toux.

*Remèdes indiqués pour la cure des bêtes in-
fectées , & la manière de s'en servir.*

La maladie dont on vient de donner les
signes étant épidémique , contagieuse &
inflammatoire , il faut se proposer de di-
minuer la quantité de la matière qui fait
la maladie , de lui faciliter & de lui don-

ner un écoulement par les voies les plus commodes & les plus sûres.

Pour cet effet, il faut dès qu'on s'apperçoit qu'une bête est malade, la séparer des autres, qu'on mettra, s'il est possible, dans une autre écurie, sinon on mettra la bête malade dans une écurie à part, à l'abri des injures de l'air ; on la garantira du froid en la couvrant.

On lui fera au plutôt une copieuse saignée au cou, savoir, de deux livres pour un bœuf, une livre & demi pour une vache, & d'une livre pour les jeunes taureaux ou genisses. Ces saignées peuvent être réitérées, suivant le degré de fièvre de ces animaux.

On lui fera ensuite de fortes frictions avec un torchon de paille humecté d'eau chaude & de vinaigre, ce que l'on réitérera souvent : on lui lavera deux fois le jour la langue & on la frottera, aussi bien que le palais, avec du vinaigre, du poivre & du sel, & on lui injectera dans les narines du vin chaud, dans lequel on aura fait dissoudre la grosseur d'une noix muscade de thériaque pour chaque verre de vin, & gros comme un pois de camphre dissous dans de l'eau-de-vie : on leur lavera aussi les yeux avec du vin tiède.

On prendra deux onces de racine de gentiane, une once de celle d'impératoire, demi-once de sel de gemme & autant d'*assa fœtida* ; le tout réduit en poudre : on en fera une pâte avec un peu de miel, & on mettra un peu de cette pâte sur de la toile que l'on roulera autour d'un bâton que l'on mettra dans la gueule de la bête en guise de mords, la tenant attachée aux cornes : on le laissera de cette manière pendant une heure, ce qui fera rendre beaucoup de bave, dont il est utile de procurer & entretenir l'évacuation : ce bâton ôté, on fera boire la bête après lui avoir lavé la bouche ; on mettra devant elle un peu d'orge, d'avoine ou de froment trempés dans de l'eau tiède, jusqu'à ce que ces graines soient crevées, & on lui donnera de cette nourriture, au moins de 6 en 6 heures ; on pourra réitérer tous les jours l'usage de ce remède.

Si la bête n'a pas le ventre libre, ou s'il est dur & tendu, on lui donnera des lavemens faits avec des feuilles de mauves, guimauves, violettes, graines de lin & du son, ajoutant à la colature 2 verres d'huile d'olives, & demi-once de crystal minéral ou nitre. Lorsque l'on s'appercevra que les bêtes rendent des excrémens liquides & aqueux, on leur donnera pour boisson une décoction faite avec de la rapure des gros os de la cuisse, ou de la hanche des bœufs & vaches, dont on peut aussi préparer des gelées & même les réduire en poudre, pour leur en faire avaler à la dose de 2 ou trois cuillerées : on peut aussi préparer ladite boisson avec les mêmes os brûlés, calcinés & réduits en poudre, dont on mêlera environ un quart de livre pour chaque quatres livres d'eau.

On a aussi indiqué depuis peu, pour guérir ces maladies, l'usage de l'onguent napolitain, dont on leur fait des frictions dans diverses parties du corps. En voici la recette :

C 5

Prenez 4 onces de mercure, 2 onces de thérébentine, 8 onces de sain-doux ; il faut mêler le tout ensemble & le réduire en onguent ; il en faut frotter tous les matins le bétail au dessus des narines, au-dessous des cornes & sur les flancs. On prétend que cet onguent avalé à la quantité d'une once, guérit le bétail de la maladie contagieuse, les frictions ci-dessus n'étant pratiquées que pour l'en préserver.

Mais tous les remèdes qu'on nous a proposés pour combattre cette fâcheuse maladie, & dont les mémoires qui nous ont été communiqués assurent plus le succès, ce sont des taillades ou incisions que l'on a faites sur la bête malade dans les endroits de son corps où l'on a apperçu quelque frisson ou tremblement ; on a fait jusqu'à soixante incisions à une vache malade qui a été guérie ; cette opération n'est point dangereuse, & on aura soin d'entretenir les ouvertures en détachant doucement avec les doigts le cuir d'avec les chairs, & lavant les plaies avec du

vin chaud, ou avec un mélange d'eau &
de vinaigre.

Comme l'on a remarqué dans les cada-
vres de bêtes mortes de ces maladies
que leur estomac étoit rempli d'une matière épaisse & comme coagulée, & qu'il
est essentiel de raffraîchir & de donner
de la liquidité au sang : il faut que la
bête boive beaucoup toutes les deux heures ; on chauffera un peu leur boisson,
dans laquelle on mêlera un peu de son
ou de farine de seigle ; le petit-lait, si
on en peut avoir, est ce qu'il y auroit de
mieux : à défaut de petit-lait, on leur
fera boire de l'eau, en ajoutant sur chaque deux livres un demi-quart d'once de
salpêtre : si la bête refuse de boire, ce
qui artive le plus souvent, il faut la faire
boire par force avec la corne.

Voilà ce que l'on a pu recueillir de
meilleur des observations & des expériences qui sont venues jusqu'à présent à
notre connoissance, à l'occasion de cette
maladie : on fera de même part au public
de ce que l'on pourra apprendre dans la

suite. En attendant , voyons les moyens propres à en préserver les bestiaux.

Remèdes & précautions préservatives.

La maladie dont on vient de parler étant contagieuse & épidémique , le moyen le plus efficace que l'on ait pour en préserver les bestiaux qui sont sains , est en général d'empêcher qu'ils n'aient aucune communication médiate ou immédiate avec les bêtes des lieux infectés ; & comme il y a différentes manières de communiquer , il est bon de les indiquer ici.

Cette maladie se glisse dans un troupeau ou dans un village 1°. *par la communication qu'il y a entre quelques bêtes du lieu sain & celles de l'endroit infecté.* Ainsi pour les préserver , il ne faut pas permettre que les bêtes des lieux sains aillent dans les villages où il y a de la maladie ou soupçon de maladie , ni même dans les endroits où vont les bêtes de ce village ; & de même que les bêtes des lieux infectés ou soupçonnés viennent dans les villages sains ; & comme à cet égard trop de précaution ne sauroit nuire , il ne convient pas que les bêtes d'un village communiquent avec celles d'un autre dans un pâturage sans nécessité ni dans les abreuvoirs publics.

2°. *Par la fiente des bêtes infectées* : & pour ne rien risquer à cet égard , il faut faire enlever toute celle qui peut avoir été faite dans les grands chemins , dans les pâturages ou ailleurs, par des bêtes malades , ou tant soit peu suspectes , & la mettre profondément en terre ; il faut de plus , dans le temps des pâturages , y mener les bêtes par des endroits peu passagers.

3°. *Par les cuirs des bêtes infectées* ; aussi est-il ordonné dans les endroits infectés d'enterrer les bêtes sans les écorcher ; mais comme cette défense peut n'être pas exactement observée , les endroits sains doivent ne recevoir, ni laisser passer aucun cuir venant des endroits infects ou suspects.

Mais ces précautions ne suffisent pas ; l'expérience a appris que les maladies contagieuses se communiquent plus aisément qu'on ne croiroit, & qu'elles se sont quelquefois introduites dans des villages.

4°. *Par des moutons, cochons, chiens, ou autres bêtes venant des lieux infectés,* qui quoique non susceptibles pour elles-mêmes de contagion, peuvent néanmoins par leur poil & laine la porter dans des endroits où elle n'est pas, & la communiquer aux bêtes à cornes ; c'est pourquoi il ne convient pas d'en mettre dans les écuries avec les bœufs & vaches, qu'elles rendent d'ailleurs mal-propres, encore moins d'en recevoir venant des lieux infectés ou suspects.

5°. *Par des personnes même venant des lieux infectés* : aussi ne faut-il pas donner le couvert dans une étable à des mendians & autres gens sans aveu, qui peuvent par leurs habits communiquer le mal. A l'égard des maréchaux, & de ceux qui pansent les bêtes malades, ils doivent, lorsqu'ils ont été dans des endroits infec-tés, ou qu'ils ont manié des bêtes ma-lades se laver les mains, le visage & la bouche avec de l'eau & du vinaigre, parfumer leurs habits, sur-tout s'ils sont de laine, ou du moins les battre à l'air ; il seroit même à souhaiter qu'ils pussent en changer, en général on doit avoir attention à n'approcher des bêtes saines rien de ce qui a servi aux malades.

Telles sont les précautions générales à observer dans chaque village pour empêcher le mal de s'y glisser ; plus il est propre, plus on doit les observer exactement & rigoureusement.

Comme l'on a rarement une sûreté parfaite à cet égard, il faut, quand le mal approche, ou sur le plus léger soupçon qu'une étable est infectée, commencer par en faire sortir toutes les bêtes, la nettoyer & la laver, ensuite la parfumer exactement par-tout, les portes & les fenêtres bien fermées, en faisant brûler un parfum composé avec de la poix noire, mêlée avec une bonne poignée de graine de genièvre bien pilée, deux onces de soufre vif : le tout arrosé de vinaigre. On prendra une partie de ce parfum que l'on allumera dans un poëlon de fer qu'on promenera par toute l'étable, afin que la fumée pénètre par-tout, prenant garde que le feu ne prenne au foin ou à la paille : au défaut de ce parfum on peut se servir de cornes, de vieux cuir, de plumes, de bois de pin ou sapin avec les feuilles & d'autres bois ou plantes résineuses avec leurs feuilles : tels sont les herbes fortes, le bois & la graine de genièvre, ou enfin de poudre à canon : l'étable bien parfumée, on y fera rentrer les bêtes, après avoir laissé quelque tems les portes & les fenêtres ouvertes pour que la fumée sorte.

Et comme les particules propres à porter la maladie s'insinuent dans le corps des bêtes par les naseaux & par la gueule, il faut injecter dans leurs narines le mélange de vin, de thériaque & de camphre dont il a été parlé dans la cure, laver leurs yeux, leur langue & leur gueule avec du vin tiède, lorsqu'elles rentrent dans les étables.

Quelque fonds que l'on fasse sur ces précautions, il en est d'autres qu'on ne doit pas négliger , qui rendent peut-être les bêtes moins susceptibles de contagion, ou qui du moins font que le mal est plus doux & plus traitable. Elles consistent, 1°. *dans la propreté* : il faut tenir les bêtes dans des étables bien nettes , bien propres, exposées à un bon air , & où il n'y ait ni mouton ni cochon ; il faut aussi, après avoir étrillé les bêtes , les frotter régulièrement soir & matin avec un torchon de paille bien humecté de vinaigre, ou d'une forte lessive faite avec les cendres du bois de genièvre & de sarment, qu'on fera un peu chauffer.

2°. *Dans une diète exacte, propre à entretenir la fluidité du sang.* On fera , dans le tems que la maladie règne, observer un régime exact par rapport à la nourriture, dont on leur retranchera une bonne partie : l'ouverture de plusieurs bêtes a fait connoître que les estomacs étoient surchargés d'une prodigieuse quantité d'alimens indigestes & même durcis : il faut aussi bien les détremper , & leur faire boire beaucoup d'eau pure & bonne, ou dans laquelle on aura fait bouillir un peu de son, ou de farine d'orge, d'avoine, &c.

Dans la saison des pâturages on ne menera point paître les troupeaux que quelques heures après le lever du soleil, afin que la rosée & le brouillard, très-nuisibles dans le tems des maladies épidémiques, soient entièrement dissipés ; il seroit même très-utile d'allumer d'espace en espace de petits feux sur-tout avec du bois de genièvre, autour des endroits où les bêtes paissent.

Mais *quand la maladie est dans quelque village voisin, ou dans le village*, il faut redoubler son attention pour l'observation des précautions ci-dessus, corriger l'air par de fréquens parfums dans les écuries, tenir ses bêtes le plus loin qu'il est possible des bêtes infectées, faire de fréquentes injections dans les naseaux ; & de plus, pour détourner vers la peau le venin qui pourroit s'être glissé dans l'intérieur du corps, il convient très-fort, & c'est ce qu'on ne sauroit trop recommander, après une saignée copieuse de leur faire un seton au sanon, de l'entretenir & le faire suppurer long-tems ; c'est ce que les gens de campagne appelent *brocher une bête*. Voici la manière de le faire. On choisit l'endroit au-dessous du cou où la peau est la plus pendante ; il faut la pincer & la percer d'outre en outre avec un instrument pointu & tranchant, ou avec un fer pointu rougi au feu, de la grosseur d'un doigt, il faut ensuite passer tout à travers la peau une corde ou une mêche de six à huit pouces de longueur, qui ne soit ni dure ni serrée, ensuite d'onguent suppuratif ou d'altea, qu'on trouve chez les apothicaires, de vieux oing ou simplement de beurre : quand la plaie suppure, il faut la panser tous les jours, en tirant doucement la corde, sans la faire sortir entièrement du trou, nettoyant & exprimant bien le pus, & remettant à chaque pansement un peu des onguens ci-dessus à l'entrée des trous. Quand la suppuration est abondante, ce qui est à souhaiter, il faut panser soir &

matin, & entretenir la plaie ouverte, au moins pendant un mois.

On devra aussi faire prendre aux bêtes, tous les quinze jours, pour préservatif, une bonne poignée d'une poudre composée de quatre bonnes poignées de graines de genièvre, autant de graines de lierre qui croît contre les murailles, (ou à son défaut deux poignées de graines ou baies de laurier,) quatre onces de sel, autant de moutarde & deux onces de poivre, le tout réduit en poudre. La dose de cette poudre devra être augmentée à proportion de la grosseur de la bête : on la donne à jeun, & on ne la fait manger que deux heures après.

Mais *si la maladie se glisse dans une étable*, il faut examiner avec toute l'attention possible quelles sont les bêtes malades, les suspectes & les saines, les séparer les unes dés autres, laissant, s'il est possible, dans l'étable les bêtes malades, & mettant les saines dans une autre étable bien nette & bien parfumée : mais si l'on n'a pas la facilité de sortir les bêtes saines de l'écurie, il faut mettre les malades dans une écurie à part, faire sortir ensuite celles qui sont en bon état, pour bien nettoyer & laver le plancher & crèche avec de l'eau chaude & un peu de vinaigre, ou avec une forte décoction de genièvre, sur - tout à l'endroit où étoient les bêtes malades, la parfumant ensuite, comme il a été dit ci - dessus, avant que d'y faire rentrer les bêtes saines : il faut de plus mettre au moins deux pieds en terre le fumier qui étoit dans l'étable où sont les bêtes malades, & enterrer bien profondément celles qui meurent.

Il conviendra alors, outre toutes les précautions indiquées ci-dessus, de faire boire tous les matins pendant six jours à toutes les bêtes de cette étable la quantité d'un pot d'une décoction de bois & de graine de genièvre concassée, en y ajoutant & démêlant un gros d'aloës suc-cotrin, & gros comme une fève de camphre, dissous dans un peu d'eau-de-vie.

Enfin, il ne convient pas de remettre des bêtes saines dans une étable où il y a eu des bêtes malades , sur-tout si elles en sont mortes , qu'après l'avoir lavée nettoyée & parfumée plusieurs fois, l'avoir reblanchie, & enlevé, s'il se peut, le pavé & la terre de l'écurie.

AUTRE AVIS.

Signes qui caractérisent la maladie par lesquels on pourra connoître si une bête est sur le point d'être attaquée de la maladie ou si elle en est actuellement attaquée.

LORSQU'UNE bête est attaquée de cette maladie , ou qu'elle est sur le point de l'être , elle a les oreilles pendantes , elle se plaint , elle est dans un grand abattement , elle tient la tête basse , elle a la respiration gênée , elle a un tremblement, particulièment dans les parties de devant : elle jette une bave ou mucosité visqueuse & comme purulente par les narines , par la bouche & les gencives , & la langue en est chargée ; elle cesse de manger &

de boire; plusieurs bêtes ont outre ces symptômes une toux, les yeux troubles, égarés, larmoyans, & quelquefois sanglans.

Remèdes préservatifs.

Lorsqu'on soupçonne qu'une étable a été infectée, soit par le voisinage d'autres étables infectées, soit par la communication de quelque bête malade, ou par le commerce de quelque personne qui aura pansé des bêtes infectées, il faut d'abord faire sortir toutes les bêtes de cette étable, la bien nettoyer, ensuite la parfumer par-tout, les portes & fenêtres bien fermées, en faisant brûler dans cette étable un parfum fait avec une livre de poix noire, mêlée avec une écuellée de baies ou graines de genièvre bien pilées, & deux onces de soufre vif, arrosant le tout de vinaigre ; on prendra une partie de ce parfum que l'on allumera dans un poëlon de fer, & on le promenera par l'étable, afin que la fumée aille par-tout, ayant bien soin que le feu ne prenne à aucun foin ni paille. Au défaut de ce parfum , on peut brûler dans l'étable des cornes , du vieux cuir , des plumes , du bois de pin résineux, du bois & des graines de genièvre , ou de la poudre à canon : l'étable bien parfumée, on y pourra remettre les bêtes , après avoir laissé quelque tems les portes & les fenêtres ouvertes, pour qu'une partie de la fumée s'exhale avant que les bêtes y rentrent.

Il faut tenir les bêtes dans les étables saines & éloignées , s'il se peut , des lieux infectés & ne mettre dans les étables avec les bêtes à cornes aucun mouton , ni cochon , ni autre animal , parce qu'ils peuvent par leur laine & poil communiquer la maladie aux bêtes à cornes.

Il faut être très-attentif à ne se servir d'aucune chose qui ait servi à des bêtes malades.

Il faut tous les jours, soir & matin, bien frotter les bêtes après les avoir étrillées avec un torchon de paille arrosé de vinaigre , ou d'une forte lessive faite avec les cendres de bois de genièvre & de sarment de vigne.

Dans

Dans la saison des pâturages on ne menera point paître les bêtes que quelques
heures après que le soleil sera levé, afin
que la rosée & le brouillard, très-nui-
sible dans le tems des maladies épidémiques, soient dissipés : il seroit même
très-utile d'allumer de petits feux avec
du bois de genièvre autour des endroits
où l'on fait paître les bêtes.

Il faut sur-tout, lorsqu'on aura quelque soupçon, leur faire boire pendant
six jours, tous les matins, 3 ou 4 livres
de décoction de bois de genièvre & de
baies ou graines de genièvre, y ajoutant
une once d'aloës succotrin, & gros comme une fêve de camphre dissous dans un
peu d'eau de-vie.

Il faut seringuer dans les narines du
vin chaud, dans lequel on aura dissous
pour chaque verre la grosseur d'une bonne
noisette de thériaque, & la grosseur d'un
bon pois de camphre, dissous dans un
peu d'eau-de-vie, réitérant ce remède
deux fois chaque semaine.

D

Il faut aussi laver souvent leurs yeux avec du vin tiède.

Dans le temps que la maladie règne dans le pays, il ne faut pas trop donner à manger au bétail, il faut leur donner moins de nourriture qu'à l'ordinaire.

Dès qu'une bête sera suspecte de tomber malade, il faudra d'abord la séparer des autres, sortir les bêtes de l'étable, la parfumer & y remettre les bêtes saines.

Enfin, le meilleur de tous les préservatifs est de faire un seton au fanou, que l'on fera suppurer long-temps : les gens de campagne appellent cette opération *brocher une bête* : on enseignera la manière de la bien faire ci-après.

Remèdes pour la cure des bêtes infectées, & la manière de se servir de ces remèdes.

Dès qu'on s'apperçoit qu'une bête tombe malade, il faut d'abord la séparer des autres, & la mettre dans une étable séparée à couvert des injures de l'air.

Il faut la couvrir d'une couverture médiocre, & lui faire de fortes frictions avec un torchon de paille, humecté d'eau chaude mêlée avec une partie égale de vinaigre : il faut, pendant les premiers jours de la maladie, & sur-tout dans le temps du tremblement, réitérer ces frictions au moins le matin & le soir.

Il faut, le plutôt que l'on pourra, saigner la bête malade avant que le tremblement vienne ; mais s'il étoit venu avant qu'on eût eu le temps de la saigner. il faut attendre que le tremblement soit passé : la saignee doit être de deux livres pour un bœuf, d'une livre & demie pour une vache, & d'une livre pour les jeunes taureaux & génisses.

La saignée doit être réitérée deux ou trois fois, à 12 heures de distance d'une saignée à l'autre, suivant la violence de la maladie, & les forces de la bête malade.

Si la bête ne va pas du ventre, on lui donnera des lavemens faits avec de la décoction d'une once de feuilles de séné dans l'eau commune, y ajoutant un quart de livre de beurre, demi - once de sel marin, & demi-once de crystal minéral.

Mais si le ventre est dur & tendu, les lavemens seront faits sans purgatifs, mais seulement avec une décoction de feuilles d'althea, de mauve, de violette, de graine de lin & de son, dissolvant dans la colature un grand verre d'huile d'olives.

Sa boisson ordinaire sera mêlée avec du son ou avec de la farine de seigle, dont on lui fera boire abondamment toutes les deux heures : si la bête refuse de boire, ce qui arrive le plus souvent, il faut lui faire avaler la boisson par force avec la corne.

Il faut tous les matins frotter la langue & le palais avec du vinaigre, du sel & du poivre, & seringuer dans les narines du vin, dans chaque verre duquel on aura dissous la grosseur d'une noisette de thériaque & la grosseur d'un pois de camphre : il faut aussi laver leurs yeux avec du vin tiède.

Il faut prendre deux onces de racines de gentiane en poudre, une once de racines d'impératoire en poudre, demi-once de sel de gemme en poudre, demi-once *assa fœtida* : on mêlera le tout ensemble,

& avec un peu de miel on en fera une pâte, dont on mettra une partie dans de la toile qu'on roulera autour d'un bâton, que l'on mettra comme un mords dans la bouche de l'animal, le faisant tenir aux cornes ; on laissera ce bâton dans la bouche pendant une heure ; ce remède lui fera rendre beaucoup de bave par la bouche : après qu'on aura ôté ce bâton, on lui donnera à boire, & on mettra devant lui un peu d'orge, ou d'avoine, ou de froment trempés dans l'eau tiède, jusqu'à ce que ces graines soient crevées, & on lui donnera de cette nourriture au moins de six en six heures.

Le principal & le plus essentiel des remèdes, sans négliger les autres, est de faire un seton sous le cou, dans l'endroit où la peau est la plus pendante, ce que les gens de campagne appellent brocher une bête. Il faut faire ce seton dès le second jour de la maladie : voici la manière de faire ce seton. Il faut pincer la peau & la percer avec un bistouri, ou avec un fer rougi au feu, de la grosteur du doigt ; il faut ensuite passer une corde ou une mêche enduite d'onguent suppuratif qu'on trouve chez les apothicaire, ou enduite de vieux oing, tout à travers le trou fait à la peau. Quand le seton suppure, il faut le panser tous les jours en tirant la corde ou la mêche doucement, nettoyant & exprimant bien le pus de la plaie, remettant chaque fois qu'on a pansé le seton, un peu d'onguent suppuratif ou de vieux oing à l'entrée du trou ; il faut panser soir & matin, & entretenir au moins pendant un mois là suppuration.

Lorsqu'on se trouve dans le voisinage des lieux infectés, pour préserver son bétail, il faut faire un seton, ou, comme on l'a dit, brocher toutes les bêtes que l'on a.

Il faut enfin avoir un grand soin de tenir les étables chaudes & bien nettes, les parfumant souvent lorsque les bêtes sont au pâturage.

Préservatifs contre les maladies des bêtes à cornes.

L'antidote suivant, proposé par le savant M. Malcolm Steming, ayant été trouvé fort utile pour prévenir la maladie des bêtes à cornes, à été publié dans *le Journal économique* de Paris, du mois de Mars 1756 & nous le donnons ici pour l'utilité publique.

Pour empêcher les maladies qui régnent parmi les bêtes à cornes, de s'étendre, il faut faire usage de la recette suivante sitôt que l'infection commence à paroître dans le voisinage.

Prenez de l'éthiops minéral, une demi-once, de l'antimoine cru, réduit en poudre très-fine, une once ; de la thériaque de Venise, une demi-once : mêlez le tout ensemble avec une quantité suffisante de fleur de farine & de lait nouveau, & faites en une boulette, que vous donnerez tous les jours à une grande bête formée ; continuez à lui en donner pendant douze ou quatorze jours de suite, au moment que vous jugez qu'elle à l'estomac le plus vuide. Il n'y a point de régime particulier à faire observer à l'animal, tandis qu'il prend ce remède. Comme il n'est destiné que pour prévenir la maladie & l'infection, il ne faut l'administrer à aucune bête, lorsqu'elle est manifestement attaquée du mal. Je crois que dans ce cas, la saignée, par manière de précaution, fait plus de mal que de bien.

Dès que ce préservatif fut annoncé à Hull, on le donna à beaucoup de vaches, en moins de six semaines la maladie cessa entièrement aux environs de Hull, où elle avoit fait beaucoup de ravage, & ne réparut que neuf à dix mois après, encore ne fut elle alors ni si fréquente, ni si mortelle qu'elle l'avoit été la première fois. Depuis le jour que le remède fut publié, jusqu'à ce que la maladie cessa entièrement, il n'y mourut plus que neuf ou dix vaches, & en tout vingt-huit ou trente bêtes ; mais aucune des bêtes à qui on avoit donnée le remède, ne fut attaquée.

Dans le tems que ces faits arrivèrent, j'en fus informé exactement par des personnes que j'avois chargées d'y veiller, & je les transcrivis sur un livre journal d'où je les extraits. On peut compter sur leur exactitude ; car j'ai pris toutes les peines possibles & les précautions imaginables pour suivre cette matière, & n'être point trompé.

Je ne dois pas omettre ici une circonstance que je trouve notée dans mes mémoires ; c'est que les vaches, en prenant ce remède, perdirent leur lait, & n'allaitèrent plus pendant quelques jours ; ce qui effraya les propriétaires. Ceux - ci étoient plus disposés à maudire qu'à remercier celui qui leur avoit conseillé ce remède : mais bientôt elles se rétablirent, & tout alla bien par la suite.

Quoique l'usage de ce préservatif ait eu si belle apparence d'un heureux succès aux environs de Hull, j'ai trouvé dans les gens de la campagne beaucoup de répugnance à l'éprouver dans les autres lieux où la maladie régnoit. Cependant vers le milieu ou à la fin du même mois de Mai, je parvins à déterminer un riche fermier de Hasel, à trois ou quatre milles de Hull, où cette maladie étoit fréquente

& mortelle, à donner à trois de ses plus belles vaches une boulette par jour pendant dix jours de suite sans y manquer : elles restèrent toutes trois exemptes de la maladie pendant plusieurs mois, & vers le milieu de l'été, je les ai vues dans leur pâturage en parfaite santé & en très-bon état, quoiqu'alors la maladie n'eût pas encore cessé dans le village, & qu'elle eût continué ses ravages à environ cent pas du pâturage, où elles paissoient alors. J'en demandai au fermier un certificat signé de lui, qui fut remis au feu colonel Jaques Gée, l'un des juges de paix, lequel m'en expédia un nouveau que je garde, & que je suis en état de montrer.

Mais la dose d'antimoine cru & d'éthiops minéral se trouve dans quelque cas trop forte pour être donnée indistinctement. L'auteur a proposé le remède suivant.

Prenez de l'éthiops minéral, fait avec deux parties de fleur de soufre, & une de mercure cru, bien broyés ensemble, jusqu'à ce que toutes les particules du

mercure aient disparu , & d'antimoine
cru , réduit en poudre fine , de chacun
trois drachmes pour une petite dose , &
quatre drachmes pour une plus forte ; de
la thériaque de Venise , au moins une demi-once , de la corne de cerf calcinée en
poudre fine, une drachme & demie. Mêlez le tout ensemble, & avec de la bonne
farine & du lait nouveau, faites en une
boulette , qui servira pour une dose à
une bête déjà avancée en âge.

J'ai fait deux sortes de doses , l'une
plus forte & l'autre plus foible , afin que
les gens de résolution & les craintifs aient
de quoi choisir. Pour moi, je préférerois
la plus forte , par la raison que quand la
maladie commence à paroître dans un
voisinage, elle peut-être dans le train de
faire des progrès prompts & rapides ,
quoique l'on puisse espérer le contraire ;
on doit donc donner une dose de préservatif, telle qu'elle puisse faire impression,
& opérer son effet en peu de jours. Autrement le progrès de l'infection pourroit
mettre obstacle à l'antidote.

D 6

C'est donc la forte dose què je con-
seille de donner à une bête en pleine force.
Si elle n'est pas trop violente & qu'elle
ne produise pas des effets trop dangereux, il faut la réitérer pendant douze
ou quinze jours de suite, sans y manquer.

A l'égard des bêtes plus foibles & des
veaux de différens âges, on doit dimi-
nuer la quantité de la dose.

Après tout, je crois devoir avertir pour
le bien public, que, pourvu que la quantité ne soit pas excessivement forte, il
vaut mieux donner la dose un peu plus
forte que trop foible ; mais je ne désap-
prouve pas la proposition d'un célèbre
marchand de bestiaux, qui est de cesser
l'usage de ce remède, quand on voit
qu'une bête a perdu l'appétit entièrement,
ou qu'elle est saisie d'un violent flux de
ventre.

LA SCIENCE

DU BOUVIER.

LE bœuf est destiné à partager nos peines, il est plein de force, travaille beaucoup & dépense peu, l'herbe même la plus sèche lui suffit. Il aime mieux la maison de l'homme que sa propre liberté. Des inclinations si avantageuses pour nous sont-elles dues à nos soins? ... Non, sans doute, c'est un des plus beaux présens de Dieu.

Des signes & marques du bon bœuf.

Le bœuf doit avoir la tête courte & ramassée, les oreilles grandes, unies, bien velues, les cornes fortes, luisantes, vives, bien placées ; le front large, les yeux gros, noirs, vifs & luisans ; le mufle gros & camus, les naseaux bien ouverts, afin que l'animal ait une grande facilité à respirer ; les dents doivent être blanches, longues & égales. (Le contraire est une marque que le bœuf est vieux.)

Donnez la préférence aux bœufs qui ont la lèvre noire, le cou gros & charnu, les épaules larges, grosses & fermes, ainsi que la poitrine ; la peau du devant (le fanon) pendante jusques sur les genoux, les reins fort larges, les côtés bien étendus, (les bœufs en respirent mieux,) le ventre tombant & spacieux, les flancs proportionnés au ventre, les hanches longues, la croupe large & ronde, les jambes nerveuses, les cuisses grosses & charnues, le dos droit & plein, la queue pendante jusqu'à terre, & bien garnie de poils touffus ; les pieds fermes, le cuir grossier & maniable, l'ongle court & large : enfin, il doit avoir le corps bien membru, large & ramassé ; être vif, jeune, de belle taille, ferme & roide, prompt à l'aiguillon, obéissant à la voix, docile & facile à manier. Préférez ceux qui mangent lentement à ceux qui mangent bien vîte, ils soutiennent mieux au travail.

Les poils luisans, épais & doux sous la main sont une marque d'une santé parfaité ; le poil rare, d'échauffement. Si l'animal est noir avec quelques marques blanches aux pieds ou à la tête, comptez sur sa bonté ; mais s'il est tout-à-fait noir, il sera mélancolique & nonchalant au travail. Le bœuf sous poil rouge est le meilleur de tous ; car étant bilieux, il a toujours beaucoup de feu, ce qui est une grande qualité dans cet animal, naturellement paresseux & lent. Cependant quelques extrêmités blanches ne lui ôtent rien de son prix.

On connoît l'âge du bœuf à ses dents & à ses cornes. A dix mois, il jette les premières dents de devant qui sont remplacées par d'autres, plus larges ; mais moins blanches. A seize mois les dents de lait des côtés tombent à leur tour, & font place à d'autres moins blanches & plus fortes. A trois ans toutes ses dents ont mué, & alors elles sont égales, blanchâtres & longues.

Le bœuf perd à trois ans ce qui lui est

venu de corne, elle est remplacée par une nouvelle nette & bien unie, où il se forme chaque année un nœud semblable à un anneau relevé en bosse, qui marque son âge. Il vit jusqu'à quatorze ans ; mais c'est à dix qu'il faut s'en défaire pour engraisser. A trois ans il rend de très-bons services.

On prétend que les bœufs élevés sur les montagnes, ou dans les lieux peu fertiles, sont moins lourds, moins paresseux, plus forts, plus aisés à nourrir & plus sains. Cependant il vaut mieux les prendre dans le voisinage, car cet animal se fait difficilement à un air étranger. Observez, en les accouplant, qu'ils soient tous deux de la même force ; sans cela le plus fort porte tout le poids, tandis que le plus foible ne travaille presque point : il n'est guère de défaut qu'on ne corrige avec le tems & la patience.

Après avoir acheté des bœufs, appliquez-vous à en connoître le tempérament & les vices ; tâchez de les corriger plutôt à force de caresses & de jeûnes, qu'à

force de coups de fourche & d'aiguillon,
qui ne font que les rendre plus durs ou
plus fougeux : le plus sûr est de les former comme les chiens de chasse , c'est-
à-dire , les mettre au joug avec un bœuf
fait au travail. Le tems de les corriger de
leurs défauts est depuis trois ans jusqu'à
cinq, autrement il seroit trop tôt ou trop
tard.

Si le bœuf est rétif, il faut prendre un
bâton tiré tout chaud du feu & brûlé au
bout, en battre les fesses du bœuf, &
l'obliger de cette façon à marcher. Pour
empêcher qu'il soit peureux, accoutumez-
le de bonne heure au grand bruit & à la
multitude des objets ; le travail & l'âge
feront le reste.

Il ne faut mettre les bœufs à l'herbe
que vers la mi-Mai. Les premières herbes
ne leur valent rien ; que le passage du
verd au sec & du sec au verd soit peu-à-
peu & non pas tout d'un coup. Laissez
manger vos bœufs à leur aise & autant
qu'ils voudront ; cet animal a cela de
particulier qu'il ne prend jamais plus de

nourriture qu'il ne lui en faut. Donnez-lui le tems de *ruminer*, c'est-à-dire de remâcher tranquillement ce qu'il a mangé.

Bouvier.

Celui qui a soin de nourrir & conduire les bœufs doit être diligent, doux & patient pour gouverner ces animaux fantasques. Il doit avoir soin de les étriller avant de les mettre sous le joug, de les bien frotter soir & matin, sur-tout lorsqu'ils sont encore en sueur ; de leur laver souvent la queue avec de l'eau tiède, & la bouche l'été avec du vin & du vinaigre, dans lequel il mettra un peu de sel pour les rafraîchir, leur donner de l'appétit & empêcher les tranchées. Il leur lavera les pieds chaque fois qu'ils reviendront des champs, pour ôter les pierres, ordures & épines qui s'y mettent. Il les fera boire deux fois le jour en été, & une fois l'hiver, & toujours en eau claire, nette & froide.

L'usage de couvrir d'une grande toile les bœufs qui labourent est très-bon ; cette toile les garantit des mouches, du grand

chaud, du grand froid & des injures de
l'air.

Des vaches.

Ce qu'on vient de dire des bœufs, doit
aussi s'entendre des vaches ; car il n'y a
de différence que pour le plus ou le moins
de force, c'est la même taille & le même
poil qu'il faut choisir.

Achetez les vaches quand elles sont au
pâturage , parce qu'alors on connoît
mieux leur tempérament & leur action
que quand elles mangent du foin ; surtout
faites attention à l'âge, à l'œil, au lait,
à l'embonpoint de la vache. On connoît
l'âge, comme au bœuf, au dents & aux
cornes. Elle doit avoir les yeux noirs ,
gros , bien ouverts, vifs & alertes ; s'ils
sont tristes, c'est signe de maladie ou de
mauvais tempérament : qu'elle soit d'un
grand corsage , ayant le ventre gros, le
front large , les cornes belles , polies ,
brunes , courbées en dedans, les oreilles
velues & hérissées, les mâchoires serrées ,
la corne du pied petite, les jambes cour-
tes , en un mot, tous les membres gros
jusqu'aux pieds , le poil court & doux.

Sous poil rouge elles ont plus de force, & peuvent servir au labourage & au trait ; mais celles qui sont d'un noir moucheté, ou tout à fait noir, passent pour donner le meilleur lait, parce qu'à cause de leur tempérament mélancolique, tout ce qu'elles mangent profite : les blanches sont celles qui en donnent le plus.

On lâche les vaches aux taureaux en toute saison, quand elles sont en chaleur, ce qui se connoît quand elles ne font que meugler & sauter sur-tout ce qui se présente à elles. Les vaches grasses ne conçoivent pas si aisément que celles qui le sont moins, aussi faut il les faire un peu jeûner avant de les mener au taureau. On doit nourrir de bon foin & de pain fait de farine de graine de lin (ou du marc de cette graine) & du sel, les vaches tardives à se mettre en amour.

Les vaches portent neuf mois, & elles portent (si on veut) toutes les années, pourvu qu'elles n'aient pas passé dix ans ; car alors elles ne valent plus rien que pour la boucherie.

Attendez que les génisses aient au moins deux ans & demi avant de les laisser saillir ; retenez celles qui desirent le taureau avant cet âge là , une fécondité prématurée les dérange & altère leur tempérament ; c'est une preuve que la vache a conçu, quand elle ne peut plus souffrir les approches du taureau.

Quand le terme de neuf mois approche, c'est au vacher à mettre la vache dans un endroit séparé des autres bestiaux , à faire bonne litière , & à tenir l'étable bien chaude l'hiver.

Aussitôt que le veau est né, on lui répand sur le corps une poignée de sel , & autant de miettes de pain pour exciter la mère à le lécher ; ce lèchement fortifie le veau , l'échauffe , ou du moins en ôte toute l'ordure ; pendant les cinq ou six premiers jours , il faut le laisser auprès de sa mère , sur-tout en hiver , pour qu'elle l'échauffe & qu'il tette à discrétion : au bout de ce tems on l'attache un peu à l'écart, afin qu'il ne tette plus que quand on le juge à propos. Pour boisson on donnera à la mère de l'eau blanchie avec de la farine ou du son, l'hiver on fait tiédir l'eau, & on ne lui donne que de bon foin & autres herbes sèches, luserne, sainfoin, &c. En été elle n'a besoin que d'herbe fraîchement coupée. On se donne ces soins pendant huit ou dix jours, au bout desquels on gouverne la vache qui a vêlé, comme à l'ordinaire.

Des maladies du Bœuf.

Avant que de passer au détail des maladies du bœuf, il est bon d'expliquer à quelles veines on les saigne, & pourquoi.

1. On le saigne de la langue pour l'appétit perdu, pour les ulcères de la langue, & pour les enflures de la bouche & du palais.

2. De l'œil pour les taies, porreaux & blanc sur l'œil, pour les nuages, enflures & eaux qui s'y forment.

3. Du front, pour les douleurs de tête & autres maux qui y surviennent.

4. A la racine de la corne, pour les cornes rompues ou foulées par le joug.

5. A côté de l'oreille, pour les foulures & enflures du cou.

6. Au-dessous de la gorge, pour les étranguillons, la squinancie & les sangsues avalées.

7. Au-dessus du cou, pour le chignon pelé, endurci ou enflé.

8. A l'épaule, pour la dislocation.

9. Au milieu du dos, quand la peau tient aux côtés.

10. Du bas des flancs, pour les douleurs du ventre.

11. Au-dessous de la queue, pour les boyaux gâtés, & pour la paresse & flux de ventre.

12. De la cuisse, quand il l'a foulée ou déplacée.

13. Du jarret, pour les jambes rompues.

14. Au-dessus de la corne du pied, pour les enflures, endurcissemens, foulures & déboitement du pied.

15. Du talon, quand l'ongle tombe, & qu'il est cassé ou fendu.

16. Du fourreau, quand il ne peut pisser, ou qu'il pisse le sang ou la boue, quand il a le fourreau ou la verge enflée, ou quelques pierres dans ces parties.

Causes des maladies.

Trop de travaux dans un tems chaud, froid ou pluvieux, est la cause ordinaire des maladies des bestiaux ; les yeux mornes & tristes en sont les signes : le dégoût en est aussi un symptôme plutôt qu'une maladie.

Du dégoût.

Si le bœuf n'est que dégoûté, l'appétit lui reviendra quand on lui aura donné, pendant deux jours, soir & matin, le remède suivant ; sinon, c'est toute autre maladie, qu'il faut tâcher de connoître pour y remédier.

On ragoûte les bœufs avec des porreaux, des ciboules, ou du céléri infusé dans du bon vinaigre & du sel, on leur tient le mufle élevé, pour qu'ils ne laissent rien perdre de cette salade pendant qu'ils la broient : il est encore bon de leur donner des feuilles de raves ou raiforts, ou des betteraves cuites & marinées dans du bon vinaigre : quelques-uns font manger aux bœufs dégoûtés une rôtie de pain bis, frottée de miel & trempée dans du vinaigre,

vinaigre, dont on leur lave le palais & la langue. Il y en a aussi qui ne se servent, pour leur frotter la bouche, que de gousses d'ail concassées & infusées dans deux verres de vinaigre, ou de verjus, avec un peu de sel & de miel. D'autres font avaler au bœuf tout ce qu'ils ont pu tirer de plus tendre d'un chou, après l'avoir broyé dans de l'huile de noix, après quoi, on le promène une bonne heure, bien couvert. Une once de thériaque, ou d'orviétan, est encore un bon remède contre le dégoût; on le lui fait prendre dans du vin.

Les remèdes suivans contre le même mal sont purgatifs. 1. Du marrube avec de l'huile de noix & du vin rouge. 2. Des grains d'encens, de la sabine ou de la rue, qu'on fait avaler dans du vin. 3. Le serpolet pilé & mêlé avec du vin. 4. L'oignon marin, coupé & trempé dans l'eau. On donne ces remèdes durant trois jours dans une pinte de vin.

Souvent le dégoût de ces animaux n'est qu'une langueur qui provient en été des grandes chaleurs. Dans ce cas, après le premier remède ci-dessus, on jetera deux poignées de farine dans trois pintes d'eau, qu'on leur fera boire à midi & le soir : pour nourriture un picotin de son humecté mêlé d'une poignée d'avoine, puis de l'herbe pour fourrage. En hiver l'eau de neige ou les pluies froides causent la langueur, qu'on peut guérir en se servant d'un des remèdes au vinaigre dont on a parlé, & on lui donnera le son tout sec, avec moitié avoine le matin & le soir, & bon foin. Tenez l'animal chaudement.

Mal de cœur.

Les yeux tristes, ou battement de flancs fréquent, un panchement de tête occasionné par des nausées, sont les signes de cette maladie.

Aussitôt qu'on s'en apperçoit, il faut faire avaler au bœuf une chopine de vin rouge avec gros comme une noisette d'orviétan ou de thériaque, & lui frotter le mufle avec de l'ail. Deux heures après on lui fait avaler des rôties au vin, ou une copieuse salade de porreaux, cives, ciboules, céleri, ou autres herbes fortes, bien assaisonnées de vinaigre & de sel.

Si l'animal ne se remet pas, ou que le mal empire, on lui fera prendre une décoction de bourrache, violette, buglosse & mélisse, & lui laver souvent la bouche de vinaigre. En hiver on fait avaler deux onces de cannelle, autant de girofle pulvérisé, & mêlé dans du vin avec un peu de sucre, ou simplement de girofle avec le suc de marjolaine.

Coliques & tranchées.

Le bœuf qui en est attaqué se plaint, alonge le cou, étend la cuisse, se lève & se couche souvent, change de place & sue. C'est une maladie du printems plutôt que de toute autre saison : elle provient d'une abondance de sang, & des causes générales dont nous avons parlé ci-dessus.

Pour l'en guérir, fendez lui les extrêmités de la queue & des oreilles, & frottez rudement le ventre d'un bâton. Cela fait, on le promene demi-heure, après quoi on le couvre pour le tenir chaudement à l'étable. Sa nourriture sera de bon foin, & à midi un picotin d'avoine, une poignée de farine de froment dans l'eau tiède pour boisson.

Si ce remède n'opère pas, faites-lui avaler des oignons cuits, trempés dans du vin, & chauffez-lui le ventre avec une bassinoire ou poële bien chaude.

Une poignée de graine de céleri, & autant de concombre, mêlées avec le miel & le vin, fait aussi un bon remède contre ce mal, guérit ordinairement par des lavemens dont je vais parler.

Prenez une poignée de mauve, guimauve, mercurial, violette, chicorée sauvage & bourrache (de chacune la même quantité), faites en une décoction dans trois pintes d'eau, laissez réduire à moitié, ajoutez-y deux onces d'huile violat, autant de casse, coulez le tout, & donnez-en lavement; s'il n'opère pas, mêlez-y une chopine de vin émétique. Tenez le bœuf bien couvert, & lorsqu'il aura rendu son lavement, donnez-lui pour breuvage une pinte de la décoction dont on vient de parler. Mettez deux onces d'huile d'amandes douces au lieu d'huile violat.

Si la colique provient des vents retenus dans les intestins, servez-vous du lavement suivant. A une pinte de la décoction précédente ajoutez deux onces d'huile de noix, un peu de sel commun, & deux onces de suc de rue, le tout mêlé ensemble & coulé.

Flux de ventre.

Ce mal n'est dangereux que lorsqu'il dure plus de deux jours. Il abat extrêmement le bœuf, sur-tout lorsqu'il rend le sang.

Le remède le plus aisé est de ne lui donner pendant trois jours pour toute nourriture que des pepins de raisins trempés dans du vin, & un peu d'avoine; & pour boisson, on lui fera bouillir des grate culs ou des pelures de coings dans une pinte d'eau, qu'on lui fera avaler une fois par jour.

On peut aussi guérir ce mal en donnant à manger au bœuf de la farine de froment brûlé ou rôti, détrempée dans du vin rouge, ou en lui donnant à boire de l'eau tiède mêlée de farine d'orge, & lui faisant prendre une décoction d'écorce de grenade.

Paresse du ventre.

Le foin ne vaut rien pour cette maladie ; mais le pâturage est excellent ; aussi ne donne-t-on aux bœufs qui en sont atteints en hiver, que de la paille & du son de seigle mouillé, soir & matin. On se sert aussi du lavement suivant :

On fait bouillir dans une décoction (composée de mauve, guimauve, pariétaire, de chacune deux poignées) demi-livre de miel commun, un peu de beurre frais & deux onces de séné ; on y ajoute deux cuillerées d'huile de noix. Le lendemain de ce lavement on donne au bœuf de grand matin une pinte d'eau tiède, dans laquelle on met dissoudre deux onces d'aloës en poudre.

Enflure.

La peau d'un bœuf qui a avalé un insecte, ou qui a été piqué par une bête vénimeuse, enfle quelquefois si fort, qu'elle sonne comme un tambour.

On remédie à cet accident en plaçant

dans le fondement du bœuf, trois ou quatre doigts avant, une corne percée ; puis on le promène jusqu'à ce qu'il rende des vents. On frotte la piquure d'orviétan ou de thériaque ; on peut même leur en faire avaler, en faisant précéder une décoction émolliente.

Indigestion.

On connoît qu'un bœuf ne digère point, lorsqu'il a les nerfs tendus & roides, les yeux pesans ; qu'il ne rumine point, qu'il rote & que son ventre gronde. Pour le guérir nourrissez-le de chous bouillis, arrosés de vinaigre ; si l'enflure survient au ventre, coupez tout autour la corne du pied, & fourrez dans le fondement votre main frottée d'huile, pour en tirer la fiente ; promenez-le ensuite un peu. Si la douleur continue, prenez des figues sauvages sèches ; broyez-les, & les lui donnez avec neuf fois autant pesant d'eau chaude ; ou bien faites manger au bœuf des oignons coupés & mêlés avec une livre de miel & deux onces de sel, & le promenez ensuite.

E 4

Bœuf qui pisse le sang.

Dès qu'on s'en apperçoit, il faut lui retrancher toute boisson & ne lui donner que le breuvage que voici :

Prenez une chopine d'urine d'homme, autant d'huile d'olive, six œufs frais & une pleine main de suie de four, battez le tout ensemble & faites avaler : après quoi pour appaiser les douleurs du bœuf liez lui les oreilles, que vous battrez avec une petite baguette jusqu'à ce qu'elles soient toutes rouges ; alors percez les petites veines que vous verrez, il en sortira du sang presque verd. Cela fait, mettez-lui du sel dans la bouche, & promenez-le ; ou bien prenez deux pintes d'eau ou de jus de plantain, moitié vinaigre & huile d'olives, joignez-y gros comme un œuf de pigeon du concombre sauvage pulvérisé, avec autant de coques d'œuf, mêlez le tout & faites avaler.

Outre ces remèdes il est bon de donner au bœuf quelque lavement raffraîchissant, dont vioici la composition.

Prenez du mélilot, de la pariétaire &

de la camomille, de chacun trois poignées. Faites-en une décoction dans deux
pintes d'eau, laissez réduire à une, &
coulez ; ensuite ajoutez-y demi-livre
d'huile de lin ou de noix, du miel, deux
onces de casse & une chopine de verjus,
le tout ainsi incorporé ; on le donne tiède.

Fièvre.

Le bœuf qui a la fièvre ne doit pas
sortir de l'étable & doit être saigné à la
veine du front ou de l'oreille, sa nourriture doit être rafraîchissante. En été,
l'herbe récemment cueillie & mêlée de
laitue, chicorée, feuilles de vigne, & en
hiver le foin humecté & du son mouillé,
deux fois par jour, & pour boisson, de
l'eau fraîche avec une poignée de farine
de seigle.

On peut aussi laisser un bœuf qui a la
fièvre, un jour sans manger. Le lendemain on lui tirera du sang sous la queue,
& une heure après on lui donnera des
rejetons de choux cuits avec de l'huile
d'olives, qu'on lui fera avaler à jeun
pendant cinq jours.

E 5

S'il est dégoûté , on lui fait prendre six œufs mêlés avec deux onces de sucre & autant de miel.

Barbes ou barbillons.

Ces barbes ne sont autre chose qu'une excroissance de chair qui vient sous la langue du bœuf, & qui l'empêche de manger ou de paître ; c'est pourquoi il faut les lui couper avec des ciseaux , & laver la plaie avec du vinaigre & du sel. On se sert aussi de sain-doux & de sel écrasé foit menu.

Enflure du palais.

Il n'y a qu'à y faire une petite incision, ou le saigner à la veine du palais , puis le frotter de sel & de vinaigre , ou lui donner une fois de l'ail bien pilé ; nourrissez le d'herbes tendres, comme feuilles d'orme, de vignes , ou de foin.

Toux.

Le froid , la poussière , la sécheresse des poumons causent la toux au bœuf. Dès qu'on s'en apperçoit , il faut faire une décoction d'hyssope , pour la lui faire boire , & lui donner pour remède des porreaux pilés avec du froment.

Si ce remède ne réussit pas , prenez deux verres de miel , autant d'huile avec deux onces de vieux oing & autant de beurre frais ; faites bouillir le tout , & avaler au bœuf malade.

Si le mal s'opiniâtre, usez du remède suivant : un verre du suc de l'herbe appellée marrube, mêlé avec autant d'huile de noix, autant de vin rouge & moitié sel.

Rétention d'urine.

Les efforts que fait le bœuf pour uriner, sans le pouvoir faire , sont un signe bien parlant de cette maladie ; pour la guérir, faites bouillir ensemble de la pariétaire , du seneçon & des racines d'asperges ; mêlez y du beurre frais , & appliquez le tout aux bourses du bœuf dans un linge. Continuez jusqu'à ce qu'il urine aisément.

Pour nourriture on lui donne des feuilles de raves copieusement & souvent ; à midi un picotin de son mouillé & autant le soir, & pour breuvage (pendant trois matins) une chopine de vin blanc qu'on fait bouillir avec deux cuillerées d'huile.

La graine de celeri bien pilée est encore un bon remède, avalée avec le vin blanc.

Ou bien (au lieu de cette graine) 4 onces de fiente de pigeon pulvérisée & bouillie dans le vin blanc.

Ou bien encore trois onces de colophane mise en poudre dans une livre de vin blanc.

Mal de tête.

Les signes des maux de tête sont lorsque le bœuf a cette partie enflée & plus chaude que de coutume, & qu'il jette par les yeux & les naseaux beaucoup d'humeurs.

Pour le guérir, il faut le saigner au cou & faciliter l'écoulement des humeurs. Pour cet effet, pilez de l'ail que vous mettez infuser à froid dans du vin l'espace de deux heures, & lui seringuerez dans les naseaux.

On peut aussi se contenter de lui frotter la langue avec du thim, de l'ail, du sel broyés ensemble & mêlés dans du vin rouge.

Dans cette maladie, il est nécessaire de donner le lavement suivant : faites bouillir dans deux pintes d'eau, réduites à trois chopines, deux poignées des herbes suivantes, centaurée, cardamome, pouliot, guimauves, hellébore & fenouil; joignez y une once de séné, que vous y laisserez infuser sans bouillir ; demi-livre de miel, un peu de sel, trois cuillerées d'huile de noix, deux onces de poudre d'agaric & trois onces de casse ; mêlez, coulez & donnez le tout en lavement.

Si c'est en été, sa nourriture doit être rafraîchissante, comme feuilles de vigne, laitues, chicorée sauvage, & de l'eau blanchie avec de la farine de seigle ; en hiver on le nourrira d'orge, d'avoine & du meilleur foin, l'eau blanchie de farine d'orge.

Etranguillons.

On appelle ainsi les glandes qui se forment sous la gorge du bœuf ; elles proviennent des humeurs qui découlent d'un cerveau refroidi.

Pour y remédier, il est bon de le saigner sous la langue ou au cou & d'ouvrir soir & matin les glandes avec une lancette. On lui frotte tout le dessous de la gorge d'huile de laurier & de beurre frais battus ensemble à froid, & sa tête doit être tenue chaudement & bien couverte.

Poumon altéré.

La toux & une grande maigreur sont les signes de cette maladie dangereuse. Il faut de temps en temps donner à l'animal malade du son mouillé avec une once de sperme de baleine, & demi-once de soufre de cinnabre & d'antimoine ; ou bien on leur fait avaler une chopine de vin blanc, avec un peu de miel qu'on assaisonne de poudre muscade, deux onces ; autant de safran, demi-once de gingembre, un quart d'once de canelle & un peu de réglisse, mêlez & coulez le tout avant de le donner.

Battement de flanc.

C'est la marque d'une grande inflammation d'entrailles. Dans cette maladie le bœuf a besoin de repos & d'un lavement, qui doit être composé d'une décoction de bourrache, chicorée sauvage & bettes, le tout bouilli dans du petit-lait de vaches ; on y ajoutera quatre onces de miel, & autant d'huile de noix. Le lendemain on lui fera avaler une pinte d'eau tiède avec du suc de porreaux ; & enfin on lui app'iquera sur *les parties* affligées un cataplasme fait avec de l'amidon & des graines de choux, le tout pilé ensemble & délayé dans l'eau froide. On ne doit point donner de foin au malade pendant quelque tems.

Testicules enflés.

Laissez le bœuf en repos, & frottez lui les parties affligées de sain-doux ou de la fiente de l'animal même, avec des fleurs de camomille & de mélilot.

Si le mal vient d'inflammation, il est dangereux ; alors servez-vous d'huile rosat, blanc d'œuf, eau rose & de lait, mêlez le tout & frottez-en les testicules.

Ou bien de suc de plantain, ou de pourpier mêlé avec l'huile rosat & des blancs d'œufs : il est bon de mener le bœuf à la rivière, & de lui faire baigner les parties enflées.

Mal des yeux.

Si le bœuf a les yeux enflés, mettez-y dessus de la farine de froment détrempée clairement avec de l'eau & du miel. Si on apperçoit quelques blancheurs dans l'œil, servez-vous de sel ammoniaque pulvérisé & mêlé avec du miel; & si les yeux pleurent, servez-vous du premier remède, mais employez la farine d'orge cuite au four, au lieu de celle de froment.

La graine de panais sauvages, mêlée avec le suc de raiforts & de miel, est encore un bon remède pour ce mal.

Des maladies des pieds.

L'enflure se guérit en y appliquant des feuilles de sureau broyées avec du sain-doux.

Pour l'entorse, on fait bouillir ensemble du miel, du sain-doux & du vin blanc, puis on en frotte le mal quatre fois par jour. S'il y a dislocation, il faut remettre l'os & se servir du remède que je viens de dire; s'il y a rupture entière, engraissez l'animal pour le vendre.

Pour l'enclouure, on ôte du pied le

clou ou chicot ; puis on jette sur la plaie de l'huile toute chaude , par-dessus des étoupes qu'on enveloppe de linges.

Le soc de la charrue blesse souvent le bœuf aux pieds. Dans ce cas on prend du vieux oing , poix noire & du soufre , qu'on mêle ensemble , & qu'on applique sur la plaie , avec de la laine & du linge par-dessus.

Le froid fait quelquefois boiter le bœuf, & pour lors il faut lui laver le pied malade , y faire une ouverture avec la lancette , laver la plaie avec l'urine , ensuite la saupoudrer de sel , & y infuser de l'huile chaude simplement , ou avec de la cire : enveloppez de linges.

Le sang extravasé fait aussi boiter ces animaux. Dès qu'on s'apperçoit du mal, on doit visiter la corne du pied , frotter l'endroit où l'on sent de la chaleur , & l'animal de la douleur , & on le scarifie pour en faire sortir le sang ; mais si ce sang a déjà pénétré l'ongle , il faut (crainte d'un plus grand désordre) fendre l'ongle dans le milieu de la fourchette , ensuite imbiber des étoupes de vinaigre mêlé de sel, & les appliquer sur la plaie avec un bandage. Le bœuf ne doit pas mettre son pied dans l'eau, n'y rien d'humide. Le premier appareil levé, on nettoye bien la plaie, puis on y applique de nouveau des étoupes imbibées de vinaigre, d'huile & de sel.

Si on s'apperçoit que le sang soit descendu jusqu'à l'extrêmité de la corne, il faut la couper par le bout jusqu'au vif, afin que le sang en sorte.

Si le genou du bœuf boiteux enfle, il faut le lui frotter avec du vinaigre chaud, & y mettre de la graine de lin imbibée d'eau & de miel ou de vieux levain, de l'urine humaine, & semblables résolutifs.

La Gale.

Cette maladie vient d'un sang échauffé & corrompu. Il faut pour la guérir, saigner le bœuf au cou, & lui donner un lavement d'herbes rafraîchissantes, après quoi lui faire avaler une chopine de lait de vaches, une once de tartre & du miel mêlés ensemble. Sa nourriture en été sera

d'herbes fraiches, & en hiver de foin humecté & de son mouillés deux fois par
jour. Pendant quelque tems on le frotrera
avec un onguent fait avec une livre d'huile
d'olive & autant de sain-doux, deux onces de soufre vif, autant de myrrhe, &
une demi-once d'alun de plume, broyés
ensemble avec une chopine de bon vinaigre.

Autre remède. Le bœuf galeux étant
saigné, on le frotte le lendemain avec
des cendres chaudes, jusqu'à ce que le
sang paroisse ; après quoi on lui donne
une portion avec le mercure préparé,
mêlé d'alun en poudre & de l'huile de
lentisque.

Ou bien on frotte la gale pendant trois
ou quatre jours, de deux onces d'huile
de chenevis & demi-once de cantharides,
le tout bouilli ensemble.

Lorsque la gale est guérie, on nettoye
la peau du bœuf avec du vinaigre ou du
soufre vif, mêlé de poudre de térébenthine.

La gale frottée jusqu'au sang avec un
bouchon de paille, doit être pensée avec
du savon & de l'eau de lessive.

Poux.

On les chasse avec de la poussière de charbon, en frottant le bœuf dans tous les endroits du corps où il en a ; ou bien en se servant d'un onguent composé d'urine d'homme, de poix résine fondue dans du vin blanc, & de beurre salé.

Maladies du cou.

Si l'enflure du cou vient de contusion, on y appliquera un cataplasme fait de miel, de sain-doux & de son ; le tout bouilli dans du vin blanc : mais si elle vient d'un abcès, (on le connoît lorsque le premier remède n'opère pas,) prenez de l'onguent althéa, de l'huile de laurier & du beurre frais, deux onces de chacun, le tout battu à froid. Frottez-en le cou du bœuf, & le pliez de linges ; il s'y formera une tumeur que vous ouvrirez avec des ciseaux, l'abcès étant mur : pansez tous les jours la plaie, & y mettez de la racine d'ortie.

La graisse de porc avec de la cire neuve fondues & mélées ensemble, est le remède pour les écorchures du cou.

(117)

Pour résoudre les duretés du chignon,
faites cuire dans de l'eau où il y aura les
trois quarts d'huile d'olive, deux onces
de racines de lis, autant de guimauve,
après que le tout aura bouilli une heure,
ajoutez-y deux poignées des herbes suivantes : mauve, violette & pouliot bien
hachés ; laissez bien cuire le tout, &
appliquez le tout chaud sur la dureté.

Si le chignon est déplacé, il faut examiner de quel côté il penche, & tirer du
sang à l'opposé, ce qui se fait en battant
avec un bois de vigne la grosse veine qui
paroît dans cet endroit, & qu'on perce
lorsqu'elle est gonflée. Si le chignon ne
penche d'aucun côté, on saignera le bœuf
aux deux oreilles ; & après la saignée,
faites cuire dans un pot, à poids égal,
moëlle de bœuf, poix-résine, suif de
bouc, & vieille huile d'olive, & en frottez l'enflure, après l'avoir lavée avec de
l'eau & laissé sécher.

Maigreur.

Le premier soin qu'il faut apporter au
bœuf dans cet état, est de l'oindre avec

du vin & de l'huile mêlés ensemble, & de le frotter rudement à contre-poil, en approchant une pèle rouge pour mieux faire pénétrer le remède ; ensuite on lui donnera un lavement de décoſtion de bettes blanches, chicorée sauvage, & autres herbes raffraichissantes, avec du son & deux cuillerées d'huile de noix ou d'olive. Après ce lavement, sa nourriture sera le matin du foin humeſté & un pi-cotin de son mouillé ; à midi, de l'eau avec de la farine d'orge pour sa boisson, & ainsi pour le soir. Si c'est en été, on donnera l'herbe fraîche ; trois jours après on lui donnera l'avoine avec le son tou-jours mouillé.

Sang-sues avalées.

Mettez dans la bouche du bœuf le tuyau d'un entonnoir qui reçoit la vapeur des punaises qu'on brûle dessous ; ou bien si la sang-sue est attachée au palais, on prend une feuille de figuier, ou un mor-ceau de drap rude, & on la détache ; mais si elle est descendue en l'estomac, & qu'elle se soit attachée à son orifice, qui se gonfle de façon que le bœuf ne puisse plus prendre de nourriture, quelques-uns conseillent une grande quantité d'huile, d'autres du vinaigre ou de la saumure, qu'on fait avaler au bœuf.

Remède contre la Rage.

Prenez demi-poignée de petite sauge, autant de rue, une poignée de paquerettes ou marguerites sauvages, la plante entière, une pincée de racine d'églantier les plus grandes, une racine de scorsonère longue & grosse à peu près comme le doigt, une tête d'ail, faisant à peu près cinq ou six gousses comme une noisette, du sel gris comme un œuf de pigeon.

Nettoyez, épluchez sans laver les simples, ôtant la terre & mauvaises feuilles; jetez dans un mortier de marbre la sauge, la rue, la racine d'églantier ou rosier sauvage, & de scorsonère; mettez dessus les paquerettes, les gousses d'ail & le sel : il faut repiler le tout ensemble, & mettre la moitié d'un demi-setier de bon vin blanc, & le broyer de nouveau, après quoi on mettra cette espèce de bouillie dans un linge fort, pour exprimer en tordant tout le jus, qu'on recevra dans un verre ou écuelle.

Uusage pour l'homme.

Il faut prendre le matin à jeun un **verre** ordinaire de cette drogue, qu'on ne doit préparer que le matin, ou tout au plus la veille du jour qu'on doit en user, crainte qu'elle ne s'aigrisse. Pour ôter le mauvais goût qu'elle laisse à la bouche, il faut se la laver avec du vin & de l'eau : pour ne pas empêcher l'effet du remède, il faut observer de ne faire & de ne manger que trois ou quatre heures après l'avoir pris ; il faut se promener après avoir avalé le remède, pour qu'il opère mieux. S'il y a morsure ou plaie faite par un homme ou une bête enragée, il faut ouvrir la plaie & la scarifier avec un couteau ou autre ferrement, ce qui est d'autant plus nécessaire, que la morsure des animaux enragés se ferme presque incontinent après, & devient noire & livide.

La plaie ainsi r'ouverte & scarifiée, prenez partie de vin & d'eau, & une
pincée

pincée de sel , faites tiédir ; après quoi lavez & étuvez-en bien la plaie, en y seringuant , si elle est profonde , quelques gouttes de la potion ci-dessus dont on a pris un verre , & avec le marc on fera un cataplasme qu'on liera & bandera d'un linge sur chaque plaie.

Il ne faut pas s'étonner du premier accès de rage , si après le premier, second , troisième, quatrième & cinquième, même jusqu'au huitième & neuvième, (on ne va guère plus loin sans périr,) on peut lui faire avaler de gré ou de force la potion ci-dessus ; mais il est toujours très-prudent d'user de ce remède dès le commencement, même dans le seul soupçon que l'animal dont on a été mordu étoit enragé, parce qu'il ne peut faire aucun mauvais effet , il donne seulement un grand appétit.

Si la morsure provient d'un animal enragé deux ou trois prises de ce breuvage pris dans le commencement pendant deux ou trois matins, suffisent pour chasser la rage.

F

Mais si la personne avoit déjà eu plusieurs accès de rage, il faut lui faire prendre de gré ou de force neuf prises au plus de cette potion pendant neuf matins sans interruption.

Usage pour les Bestiaux & autres animaux.

On donne la potion double pour les bestiaux enragés, c'est-à-dire, deux verres qu'on leur fait avaler avec une corne. Pour un chien quelconque, la potion comme pour un homme ; au lieu de vin on se sert de lait ; s'ils sont furieux, & qu'ils ne veulent pas prendre, il faut les suspendre par sa chaîne ou collier, & leur faire avaler avec une corne.

Ce remède a été éprouvé très-souvent avec succès, & sur-tout à Amsterdam, & dans toute la Hollande.

Antidote expérimenté pour toutes sortes de Bestiaux.

Prenez de la racine d'angélique & des graines de genièvre, de chacune deux poignées ; faites-les sécher & les pulvérisez finement. Mêlez-y une poignée de feuilles de rue toute verte, & deux têtes d'ail. Ajoutez-y une quantité suffisante de

miel, battez le tout ensemble, & le mêlez
bien; ensuite donnez au bœuf ou au cheval de cet antidote la grosseur d'un œuf
de pigeon dans une chopine de vin rouge
tout chaud : on en fait prendre gros
comme une noix moyenne aux bestiaux
de médiocre taille dans un verre de vin

On peut se servir de ce remède comme
on se sert de l'orviétan & de la thériaque;
il est excellent contre le mauvais air &
le poison, pour les hommes comme pour
les animaux. Si on en met sur un charbon
de peste, il le fait venir en matière : il est
encore merveilleux contre les morsures
des bêtes vénimeuses; même, dit-on,
contre les chiens enragés.

Remèdes & précautions dont il faut user du-
rant les maladies contagieuses du bétail.

LES maladies épidémiques, que les
anciens auteurs ont appelées *Malis*, ont
fait en différens tems un ravage affreux
dans toutes les parties de l'Europe, sur-
tout depuis le commencement de ce siècle.
Nous n'examinerons point ici si elles sont
causées par des insectes imperceptibles

répandus en l'air , ou par une espèce de gale ou de petite vérole , ou si c'est simplement par une fièvre maligne , pestilentielle & pourpreuse. Les plus grands médecins ne sont pas d'accord là-dessus. Il suffira de prescrire les précautions qu'on doit prendre pour éviter ce fléau , & les remèdes qu'on doit employer pour guérir les bestiaux qui en sont frappés.

Chancres ou charbons.

Ces maladies peuvent se réduire à deux principales , les chancres ou charbons volans , & la petite vérole. Les charbons , abcès ou apostumes , qui attaquent la racine de la langue des bestiaux , sont une maladie purement extérieure , qui n'ôte d'abord à l'animal ni sa gaieté , ni son appétit ; mais les progrès en sont si rapides , qu'ils lui coupent la langue souvent en vingt-quatre heures.

Quand on a l'éveil de cette contagion , il faut se tenir sur ses gardes , visiter souvent la langue de son bétail. Dès qu'on y apperçoit quelques tumeurs , pour empêcher la contagion , il faut mettre à part

ces animaux malades, leur racler la langue avec une cuiller d'argent ou autre
instrument propre à ce faire, & se servir du remède suivant : prenez du sel,
du poivre, de l'ail, une poignée d'angélique, de valériane & d'impératoire,
pareille quantité de grande joubarbe,
semper vivum majus, vulgairement arti-
chaud sauvage, qui vient sur les toîts ou
les murailles, ou deux gros de gomme,
assa fœtida ; pilez le tout ensemble, vous
contentant de ce que vous aurez trouvé,
puis mettez-le dans du vin ou du vinaigre
pour en laver l'abcès plusieurs fois le jour.
Quelquefois les bords de la plaie deviennent durs & calleux ; pour lors on doit
les toucher légèrement avec un linge atta-
ché au bout d'un morceau de fer, &
qu'on aura trempé dans l'esprit de vitriol.
On procurera la chûte de l'escarre, en
lavant souvent la plaie avec le vin dans
lequel on aura mis du miel commun, sel
& ail pilés, & un peu d'eau-de-vie. Pendant le traitement on doit purger l'animal
avec une chopine de vin, une tête d'ail

pilée , deux gros de soufre & une once & demie d'*assa fœtida*.

Petite vérole pourprée.

La petite vérole pourprée (on lui donnera tel autre nom qu'on voudra) s'annonce d'une manière plus sensible que le charbon volant. On s'apperçoit qu'un bétail est malade quand il a la tête basse, qu'il a les yeux rouges, cassés, troubles, tristes & larmoyants ; qu'il paroît engourdi & abattu, que sa tête est lourde, pesante & penchée, les oreilles froides & pendantes. Il leur sort une chassie purulente, une bave gluante & épaisse des naseaux & de la bouche ; il sort de leur poumon une halaine très-puante, difficulté de respirer accompagnée quelquefois de battemens de flancs & de toux très-violente : il leur vient plusieurs fois le jour des frissons irréguliers, si violens, qu'à peine peut-on les échauffer. Les vaches tarissent peu à peu totalement selon l'ardeur de la fièvre. Dans les excrémens on voit les premiers jours de la maladie des filets de sang. Les uns ont flux de ventre considérable , d'autres ne fientent qu'avec des tranchées. On remarque un mouvement convulsif de l'épine , depuis la tête jusqu'à l'extrêmité du dos ; ils ne se soutiennent plus sur leurs jambes ; en appuyant la main sur leurs reins , on sent la peau presque séparée de la chair , & on s'apperçoit d'un froissement semblable à celui d'un parchemin sec. Il sort des boutons à la langue , au fondement , & même par tout le corps.

Dès qu'un bœuf est malade , il faut le séparer des bêtes saines pour éviter la contagion, qui est prompte , le mettre dans uneétable bien éloignée , où il soit à couvert & de nuit & de jour , & à l'abri du froid & de la plaie. On doit le tenir bien chaudement , & même lui mettre quelque légère couverture. Il faut saigner l'animal malade le plus promptement qu'on peut , mais jamais durant les frissons. La saignée doit se faire à la veine du cou. On tirera aux bœufs deux livres de sang , aux vaches une livre & demie , aux jeunes taureaux & genisses une livre.

On peut réitérer deux ou trois fois la saignée, à douze heures de distance, selon
le besoin & la force de la bête ; mais il
faut s'en abstenir aussitôt que les boutons
de la petite vérole paroissent s'augmen-
ter, & que les accidens diminuent. On
doit s'appliquer uniquement à entretenir
cette éruption par l'usage du crystal, de
suie de cheminée. Le cinquième jour que
les pustules sortent, on pourra faire des
scarifications ou incisions à la peau de ces
bêtes, leur donner alors de la gelée faite
avec de gros os de bœuf. On peut se flatter
de quelque succès. Quand ces boutons
suppurent une matière transparente qui
devient en gale, la peau se sillonne & se
fend en divers endroits, particulièrement
aux pieds.

On doit faire plusieurs fois par jour,
sur-tout avant l'éruption & durant les
frissons, de bonnes frictions avec des
draps grossiers, ou avec des bouchons
de paille, qu'on peut même humecter de
quelques huiles pénétrantes. Demi-heure
après chaque saignée on leur fera prendre

le breuvage suivant : on fait bouillir pendant un quart-d'heure une poignée d'absynthe , de sauge , de cresson d'eau ,
qu'on coupera bien menues dans une pinte
de vin & autant d'eau ; après avoir coulé
à travers un linge ; on ajoutera à la liqueur une demi-once de safran coupé bien
menu ; l'on partagera le tout en quatre
parties égales , qu'on donnera à la bête
malade de quatre heures en quatre heures ,
après l'avoir fait chauffer , & ne rien lui
donner dans l'intervalle des prises. Si la
maladie augmente, on leur donnera le
breuvage suivant. Prenez chopine de bon
vin , demi-once de fiente de pigeon fraîche, & à son défaut de celle de poule ,
mais un peu plus ; deux gros de soufre ,
un gros d'ellébore noir en poudre , trois
gros de salpêtre , un gros de sabine pour
les bœufs , demi gros pour les jeunes taureaux & pour les vaches (si elles sont
pleines il ne leur faut donner ni ellébore ,
ni sabine) une grosse poignée de graines
de genièvre bien écrasées ; laissez infuser
le tout pendant demi-heure sur la cendre

F 5

chaude, ne le faites pas bouillir. Ce breuvage doit être partagé en deux prises, qui seront données à douze heures de distance l'une de l'autre. On réitérera ce remède selon le besoin. Pendant toute la maladie on aura soin de leur faire boire très-souvent de l'eau dans laquelle on aura fait bouillir de la bourrache & buglosse, plantes cordiales

Un médecin italien prescrit cet autre remède. Après avoir tiré au bœuf malade autant de sang qu'on en tire à un cheval en le saignant au-dessus de l'œil droit ou gauche indifféremment, vous mettrez dans un vase de terre, qui tienne environ demi-setier, trois cuillerées de fleurs de soufre, une de sel commun, avec autant de graines de genièvre vertes ; après avoir mêlé le tout ensemble, on en donnera chaque jour une pincée à chaque bête avant qu'elle sorte de l'étable. On peut encore lui faire avaler par-dessus deux verres d'urine d'enfant.

Voici un breuvage que la société des médecins de Genève préfère aux autres.

On fera une forte décoction avec de la racine de scorsonère & de caryophilata ou racise, de chacune quatre poignées dans vingt-quatre livres d'eau, que l'on réduira à seize, y ajoutant quatre onces de corne de cerf, ou, si l'on veut, autant de poudre d'os de bœuf rapés ou brûlés, sur-tout de ceux de la cuisse. On donnera deux ou trois fois par jour, durant tout le tems de la maladie, deux grandes écuelles de cette décoction le plus chaudement que l'animal le pourra souffrir.

Dès le second jour de la maladie, on fera un seton à la partie du cou appelée le fanon ; on peut encore en faire à la crinière & au haut de la queue, tous les médecins en prescrivent & en louent l'usage. Si l'animal en avoit avant que de tomber malade, il faut les renouveler & en faire d'autres, & les bien faire suppurer.

La manière d'appliquer ces setons, c'est d'élever la peau de dessus le cou le plus qu'on le peut, en la pinçant ; ensuite la percer avec un fer rouge de la grosseur du doigt : passez à travers le trou une corde ou mèche qui sera frottée ou trempée dans un onguent nommé suppuratif, (il se trouve chez les apothicaires,) à son défaut on se servira du vieux oing. Quand les setons suppurent, il faut les panser tous les jours, en tirant doucement la mèche, crainte de la faire passer entièrement. A chaque pansement on mettra de l'onguent suppuratif à l'entrée de chaque trou, & l'on renouvelera la corde quand la première sera hors d'état de servir ; car il faut entretenir les setons le plus long-tems que l'on pourra.

Les glandes parotides (celles qui sont dans le voisinage & derrière l'oreille) étant enflées, il faut y appliquer le bouton de feu, & y faire un caustique qui suppure abondamment.

Dès qu'on s'apperçoit de la salivation, ce qui arrive au commencement de la maladie, il faut passer dans la gueule du bétail malade un bâton de saule en travers, afin de faire couler la bave, & leur tenir la tête penchée, afin qu'ils n'avalent pas ces matières.

Pour les pustules de la langue durant la petite vérole, les auteurs ordonnent à peu près les mêmes remèdes que pour le chancre ou charbon volant dont on a parlé ci-dessus. Il faut racler les pustules avec une pièce d'argent, qu'on doit laver après s'en être servi. Après que la plaie saigne, il faut la nettoyer avec de l'eau fraîche, tremper un morceau de drap dans du vinaigre & du sel, dont on frotte plusieurs fois la plaie : prenez ensuite de l'ail, de la sauge, de la grande ou petite joubarbe, du plantain, de la racine d'impératoire, pilez le tout ensemble, puis le mêlez avec du sel, de l'alun & du vinaigre, & en frottez la langue & la gorge assez long-tems.

On seringuera du vin chaud dans les naseaux, on en lavera aussi les cavités & les yeux de ces animaux. S'il leur vient au fondement des pustules à peu près semblables à celles de la langue, on les raclera jusqu'à ce qu'elles saignent ; on prendra ensuite une poignée de lierre terrestre (dit vulgairement herbe de St. Jean,)

après l'avoir pilé, on en frottera les endroits raclés ; on mettra ensuite un porreau dans le fondement. Le remède ordonné pour les pustules de la langue peut
aussi servir pour celles du dos.

On leur donnera pendant toute la maladie un breuvage fait avec de la farine
d'orge ou de froment, à laquelle on peut
ajouter du gramen ou du chiendent, des
feuilles de violettes & de chicorée. On
leur donnera le foin sec, auquel on mé-
lera de la bourrache & de la buglosse ;
d'ailleurs le breuvage précédent leur tiendra lieu de nourriture.

On ne doit laisser dans les étables des
bêtes malades que de la paille & du foin,
en éloigner tout immondice, & n'y point
loger d'autres animaux. Au cas que ces
bêtes aient le ventre extrêmement res-
serré, on leur donnera quelque lavement
avec la simple décoction de mauves, violettes & semblables.

Les accidens qui arrivent (outre le
cours de la maladie) sont ordinairement
un frisson convulsif, une fièvre ardente,

un épuisement total, causé par l'abondante salivation & la dyssenterie. Cet accident est ordinairement mortel ; cependant on pourra donner de la gelée d'os, faire avaler des poudres absorbantes, comme les coquilles d'œuf, la mère de perle, la poudre d'os de bœuf brûlés : on pourra y ajouter le remède suivant, prescrit par M. Drouin, Chirurgien-Major des Gardes du Corps du Roi.

Pour le flux de sang des bestiaux.

On prendra une chopine de vin rouge, roses de provins, deux gros ; demi-once de poudre de coques de gland, une demi-muscade, trois gros de poudre très fine de brique ou de tuile ; faites infuser le tout une demi-heure sur la cendre chaude, puis on donnera le remède à l'animal, & on le laissera quatre heures après sans lui faire rien prendre. Si l'on a du sumac ou du bol, on en mettra demi-once de chacun dans le susdit breuvage, & l'on réitérera le remède selon le besoin.

Il est une autre espèe de flux de sang

nommé *lente* : pour le guérir, prenez une grosse poignée d'une plante nommée ver-veine, & la faites bouillir dans un pot de vin, jusqu'à ce qu'il soit réduit à moitié ; on fera prendre cette boisson à la bête malade le plus chaud qu'on pourra, & aussitôt on lui fera manger un picotin de seigle. Il faudra bien la couvrir, & ne lui donner de nourriture que deux heures après.

Préservatif.

Quand le bruit, souvent trop certain, d'une peste sur les animaux se répand dans un pays, il faut prendre toutes les précautions pour s'en préserver. Si on attend que le mal se soit manifesté, les remèdes différemment combinés sont au moins inutiles. Il faut traiter comme pestiférés ceux qui ont mangé & cohabité avec ceux qui avoient la peste. On visitera deux ou trois fois par jour son bétail. Lorsqu'il sera au pâturage, il faut faire laver les étables, faire frotter les crèches, les rateliers & les piliers des étables avec de l'eau, dans laquelle on aura fait tremper des herbes aromatiques, comme thim, sauge, laurier, orignan & marjolaine.

Comme on soupçonne les brouillards & la rosée d'être une cause de la maladie des bestiaux, il faut observer alors de ne les mener paître dans les prés qu'après que les brouillards sont tombés & la rosée dissipée, & ne leur donner que de bon foin sec & en petite quantité, pour les nourrir & non les engraisser ; car l'expérience apprend que les bœufs gras sont les premiers attaqués de cette maladie, qui en trois jours les rend fort secs ; au lieu que le bétail maigre est rarement atteint de cette contagion, & en guérit plus facilement. Dès le moindre soupçon de ces accidens, qui se manifestent tout-à-coup, quelquefois par dégoût, pleurs, abattement, tumeurs & abcès, il sera bon de faire prendre au bœuf soupçonné une once de thériaque, qui est un remède éprouvé. Des particuliers ont préservé leur bétail de tout accident, en le gardant dans les étables ,

& en faisant prendre tous les matins à chaque bœuf ou vache un picotin de son avec de l'ail, du genièvre & du soufre.

On ne sauroit trop tôt éloigner les bêtes saines des lieux où est la maladie ; il leur faut donc une étable à part éloignée, où il n'y ait ni moutons ni cochons, où il n'y entre rien de ce qui a servi aux bêtes malades, non pas même ceux qui en ont eu soin. Le meilleur préservatif est quelquefois de ne rien changer dans le régime de vie, & sur-tout de ne rien faire qui puisse altérer la constitution du sang, en l'échauffant & le fondant. Il ne faut pas faire aller au champ les bêtes malades & les saines par le même chemin. On allumera des petits feux autour des lieux où ces animaux paissent. Le bois de genevrier est le plus convenable pour cela. On ne tiendra pas le bétail dans l'humidité de ses excrémens, on changera leur litière de temps en temps ; on parfumera sur-tout leurs étables deux fois le jour : le matin, lorsque les bestiaux iront au champ, & deux heures avant qu'ils rentrent. Les parfums peuvent être de plusieurs sortes ; ceux qu'on trouve par-tout, & qui sont de peu de valeur, sont la graine & le bois de laurier, de genièvre, les feuilles de romarin, sauge, rue, lavande, thim, &c. séchées & brûlées, & l'encens, la poix, le soufre, la poudre à canon & le mastic. On tiendra les portes, fenêtres, ouvertures de l'étable fermées, & l'on ne les ouvrira que peu de temps avant que le bétail y entre. Cette fussumigation se fera en jettant quelques-unes de ces matières peu à peu dans un réchaud de feu. Le bon vinaigre, où l'on a mis infuser des feuilles de rue, versé sur des briques chaudes, est un excellent préservatif contre toutes sortes de peste. On mettra de trois jours en trois jours dans l'abreuvoir de l'antimoine cru, mis en poudre très-fine, sur laquelle on jettera l'eau qu'on veut leur faire boire. On pourra frotter d'ail les bords de leur auge & les rateliers. Dans les autres jours vous prendrez de la chicorée, du laiteron (par corruption lai-

tugon) du chardon bénit, de la scorsonère, du gramen dit chiendent, avec un
peu d'orge, que vous hacherez bien
menu, & vous mettrez le tout dans l'a-
breuvoir, & jettant de l'eau dessus, &
laissant quelque temps les herbes infuses
exposées au soleil, vous donnerez cette
eau à boire à votre bétail.

On peut placer gros comme une fève
d'*assa fœtida* dans un trou fait au ratelier
auprès de la longe, afin que l'animal en
sente l'odeur. On peut leur pendre au cou
gros comme un pois de camphre plié
dans un morceau de cuir, & à son défaut une tête d'ail ou un crapaud séché
au four. La poudre de crapaud est un
excellent préservatif. Il n'est pas mal de
leur en faire prendre deux ou trois fois
la semaine, deux ou trois gros chaque
fois dans une chopine de vin. Quelques-
uns suspendent sur la tête de leurs bestiaux un oignon fendu en quatre, dans
les mêmes vues; d'autres assignent pour
un excellent préservatif le remède suivant : Prenez orviétan & thériaque, trois

drachmes ; gingembre, girofle & canelle, une drachme ; genièvre en grain & poivre concassé, deux drachmes de chacun; & une muscade de moyenne grosseur, qu'il faut concasser ; faites infuser le tout dans un pot couvert pendant cinq à six heures au moins dans une pinte de bon vin rouge. Avant de donner le remède , remuez bien le tout , de manière que le marc suive l'infusion, & ne le donnez qu'après que la bête a été cinq- à six heures sans manger.

Enfin, il ne faut pas manquer de faire des setons au fanon, à la langue & ailleurs , & les faire bien suppurer.

Remède expérimenté & ordonné par Arrêt du parlement de Rouen du 13 Mars 1745, pour prévenir & guérir la maladie contagieuse qui régnoit alors sur les bêtes à cornes.

1. Pour prévenir le mal , il faut faire infuser des ails concassés avec quelques pincées de poivre dans du bon vinaigre, pendant 24 heures, & en laver la gueule des animaux après leur avoir ratissé la

langue presque jusqu'au sang avec une cuiller d'argent, & ce, le faire plusieurs fois.

2. Pour les guérir, lorsqu'ils sont attaqués, il faudra d'abord faire comme ci-dessus, & leur faire avaler une chopine de vin, dans laquelle on aura mis le quart d'une once de thériaque, ensuite herbir l'animal à la lampe en perçant la peau qui peud entre les jambes de devant, & mettre dans le trou une racine d'hellébore noir, faute duquel on peut employer le garou, l'herbe-aux-gueux, le pied-de-veau ou le tithymale : cette plante fera enfler & y ramassera une tumeur où sera le venin que l'on percera. Si elle n'enfle pas, la bête est perdue. Il faudra laver la plaie plusieurs fois avec du vin chaud, après avoir ôté la racine, dans lequel on aura fait bouillir des herbes odoriférantes, thim, laurier, &c.

Il faudra aussi avoir la précaution que ce qui sortira de la tumeur ne soit pas renversé par terre ; on aura la même attention pour le sang qu'on leur tire, de

crainte, que d'autres animaux ne fouil-
chent la terre. Ceux qui font ces opé-
rations doivent avoir les mains & les
bras bien graissés jusqu'au coude avec du
beurre frais, si on en a, & après l'opération se bien laver avec de l'eau-de-vie
& s'essuyer.

Voici un autre remède pratiqué en
Champagne avec quelque suscès durant
de semblables maladies. Après avoir ra-
clé les pustules jusqu'au sang avec une
cuillier ou pièce d'argent, & les avoir
frottées avec du lierre terrestre pilé, on
mettra des porreaux dans le fondement,
puis on prend une pinte de lait frais,
quatre ou cinq jaunes d'œufs frais, deux
poignées de chenevis bien pilé, environ
une charge de fusil de poudre à canon
pour un gros bœuf, & les deux tiers pour
un petit, avec un peu de savon; il faut
piler la poudre, mêler le tout ensemble,
& le faire avaler à la bête malade.

En d'autres pays on s'est servi d'un
verre d'eau-de-vie, dans lequel on délaie
gros comme une noix d'orviétan & une

charge de poudre à tirer, qu'on fait boire quelques jours à la bête malade. On se sert encore du remède suivant : une chopine de vinaigre, trois cuillerées de soufre, une cuillerée de sel & autant de poivre bou lli un moment, dans lequel on a jetté trois poignées de suie bien passée, remuée ensuite avec un bâton, & reposée pendant demi-heure, qu'on fait boire par une corne à la bête. On la laisse ensuite reposer trois heures dans une étable séparée, avant que de lui donner à manger : ce remède en a sauvé, sur-tout quand il a été donné aussitôt que la bête a paru malade.

Abcès internes.

Pour guérir les animaux attaqués intérieurement d'une espèce d'apostume qu'on nomme pulmonie, on a mis depuis peu en usage avec succès dans la Savoie le remède suivant : prenez demi-once d'aloës succotrin, deux gros de foie d'antimoine, deux gros de fleur de soufre, après avoir réduit le tout en poudre, faites en avaler aux bestiaux avec une corne

par

par dessus du vin. La dose pour un bœuf est une once ; à une vache, sept gros ; à un veau d'un an, six gros ; aux autres à proportion de l'âge. Pour plus grande commodité on peut former de ces poudres un opiat, en les liant avec du syrop de genièvre, ou d'autres plantes aromatiques ; on pourra la délayer dans du vin comme la thériaque.

Remède contre la rage fort éprouvé.

Pour les hommes.

Prenez la coquille de dessous d'une huitre à l'écaille mâle, c'est-à-dire, de celles dont le poisson a un bord noir ; & dont l'écaille a en dedans des marques qui sont noires quand l'huître est vieille, & qui sont jaunes quand l'huître est encore jeune ; faites-la calciner au feu ou au four, jusqu'à ce qu'elle se rompe sans effort ; réduisez-la en poudre impalpable, & si vous pouvez, passez-la au tamis ; ensuite faites-la prendre au malade ; il y a trois manières de donner ce remède.

La première, & celle qui agit le plus promptement, est de le donner en bo comme le quinquina , en mettant cette poudre simplement dans du pain à chanter mouillé , & en multipliant les bols à proportion de la facilité avec laquelle le malade pourra les avaler.

La seconde est de le donner dans du vin blanc. La troisième est de battre cette poudre dans quatre œufs frais , & d'en faire une omelette avec de l'huile , & non avec du beurre, qui empêcheroit absolument l'effet : on fait manger cette omelette au malade sans pain & sans boire.

La dose ordinaire pour ceux qui sont dans l'accès , est le poids de six gros pour la première fois, qui doit se donner au malade le plus promptement qu'il est possible : les deux jours suivans il faut lui en donner quatre gros à jeun, & qu'il ne mange que trois heures après.

La dose pour ceux qui sont mordus à sang, & pour ceux qui ont été à la mer & n'en ont point été guéris , est le poids de quatre gros pour chacun des trois jours ; il faut le donner au malade, le premier jour au moment qu'il se présente, les deux autres jours à jeun , & qu'il ne mange que trois heures aprè l'avoir pris.

Quand le malade n'a été que pincé, leché ou éraflé, ou qu'il se trouve dans une grande crainte, qui est souvent aussi dangereuse que la morsure à sang, la dose n'est que le poids de deux gros, & il ne doit en prendre qu'une seule fois.

Pour les bêtes.

La dose pour les animaux doit se proportionner à leur grosseur & leur être donnée avec quelque chose qu'ils aiment, pourvu qu'il n'y ait point de beurre. L'effet en seroit plus prompt, si ou pouvoit leur faire avaler cette poudre avec de l'eau ou du vin.

Quand on fait prendre ce remède aux chiens, on leur ôte les œufs, & on emploie seulement l'huile d'olive pour y mettre la poudre d'écaille.

A l'égard des chevaux, bœufs & vaches, il faut la poudre de quatre à cinq écailles avec l'huile d'olive, & faire le reste comme pour l'homme.

Il est bon de faire provision de cette poudre d'écailles, & d'en calciner beaucoup, afin d'en avoir toujours en réserve, sur-tout dans les pays où ces écailles sont rares ; la poudre ne s'en corrompt point.

Conclusion.

Il faut bien observer que tous les remèdes qu'on a prescrits ci-dessus pour des maux si difficiles à guérir, & qui ont réussi en plusieurs Provinces de France & d'Italie, pourroient bien ne pas convenir à ceux des bestiaux qui peuvent se faire sentir ailleurs avec des symptômes différens. C'est aux médecins, maréchaux & experts à décider si tel ou tel remède convient ; il faut sur-tout se méfier de ces charlatans, hommes à prétendus secrets, qui ruinent les paysans par leurs antidotes donnés témérairement & sans connoissance.

Il seroit à souhaiter que chaque laboureur eût chez lui une petite apothicairerie où il se trouvât les remèdes dont il peut journellement avoir besoin pour son bétail, nous ne disons pas, & pour lui-même ; car en général le paysan est plus attentif aux maladies de son bœuf, de sa vache, qu'aux siennes propres, ou qu'à

celles de sa famille. Il doit tenir un peu
de thériaque ou d'orviétan : souvent il
n'est pas tems d'aller frapper à la porte
d'un voisin qui peut n'en être pas mieux
muni, & au défaut d'un petit secours
l'animal en mourant ruine son maître. Je
suppose certains paysans hors d'état d'a-
voir leur provision de remèdes, pour lesquels il leur faudroit débourser de l'argent ; du moins leur négligence n'est pas
pardonnable, s'ils ne cultivent pas dans
leurs jardins les plantes aromatiques qui
leur sont d'un usage journalier. Les terres
incultes sont hérissées de genevriers qui
portent les graines de genièvre, qu'on
doit recueillir, sans guère plus différer,
au mois d'Octobre. Combien peu de paysans ont leur provision de ces graines,
qui sont le café des pauvres, comme l'ail
est leur thériaque : peut-être foulons-nous
sous nos pieds les remèdes à la plupart
de nos maux, & nous n'estimons que
ceux qui viennent de loin.

G 3

*R*EMÈD*F* contre la maladie appelée surlangue ou chancre volant, qui attaque les bœufs, vaches &c.

CE mal se manifeste par une espèce de pustule ou vessie, qui survient au bétail au-dessus ou au-dessous de la langue, ou plus bas contre le gosier, où il se fait une pourriture qui leur fait tomber la langue en 24 heures, si l'on n'y apporte promptement le remède suivant :

I. Il faut racler la plaie, vessie, ou crevasse, avec une cuiller ou pièce d'argent, jusqu'à ce qu'elle saigne bien, & il faut éviter que la bête n'avale ce qui se détache en raclant.

II. Il faut ensuite laver la plaie avec de l'eau fraîche.

III. Il faut prendre une pièce ou coupeau de drap rouge ou écarlate, la tremper dans du vinaigre & du sel, & en frotter la plaie plusieurs fois, la trempant chaque fois ; puis on aura soin de brûler ladite pièce de drap pour éviter l'infection, & ce morceau de drap ne pourra servir que pour une seule bête malade.

IV. Il faut prendre de l'ail, de la sauge, artichauts sauvages, qu'on appelle autre-ment joubarbe, & en latin, *semper vivum majus*, qui croît sur les toîts ou murailles ; du plantain, de la racine d'impératoire ; piler le tout ensemble, puis le mêler avec du sel, de l'alun & du vinaigre, & en frotter la plaie & toute la gorge assez long-tems.

V. Celui qui traitera le bétail malade doit avoir soin de se bien laver les mains avec de l'eau-de-vie ou du vinaigre, pour éviter la communication de ce mal.

Préservatif.

Lorsque ce mal survint dans le pays, il faut être attentif à visiter souvent la langue & toute la gorge du bétail, & la lui laver de tems en tems avec du vinaigre & du sel, & donner à manger tant au bétail sain qu'au malade du pain avec de bonnes herbes hachées & mêlées avec du sel.

EXTRAIT

Des Régîtres de la Chambre de la Santé de Genève ,

Sur les moyens de préserver les bestiaux des maladies épizootiques.

Conseils & précautions vétérinaires.

LES habitans de la campagne sont avisés que des observations judicieuses & des expériences très-fidellement suivies , ont démontré aux nations attentives & éclairées , que les maladies les plus graves , susceptibles de contagion , & capables d'infester bientôt tout ce qui les entoure , tirent souvent leur origine de la mal-propreté dans laquelle les particuliers laissent leurs bestiaux, & de l'infection de l'air corrompu qui règne dans leurs écuries.

En conséquence , les propriétaires de bétail sont très-particulièrement invités :

(153)

1°. A prendre soin d'aërer fréquemment leurs écuries , sans craindre d'y
laisser entrer l'air frais , qui est infini-
ment moins nuisible que les exhalaisons
renfermées & échauffées.

2°. A en enlever le fumier plus fréquemment qu'ils ne le font d'ordinaire ,
& à en renouveler plus souvent la litière.

3°. A en laver de temps en temps les
crèches & les rateliers , avec de l'eau de
lessive de cendres. (*)

4°. A faire sortir le bétail une ou deux
fois chaque jour , lorsque le tems & la
saison le permettent , pour qu'il puisse
prendre de l'air & du mouvement , qui
sont tous les deux si nécessaires à la santé.

5°. A le faire frotter tous les jours ,
matin & soir , avec un bouchon de paille ,
& à le laver même de tems en tems.

6°. A l'abreuver hors de l'écurie , toutes les fois qu'il n'y aura pas d'obstacle
majeur.

(*) On pourra aussi se servir d'un vernis fait
avec de l'huile d'aspic , & chargé de camphre.

7°. A lui donner habituellement sa nourriture à dose réglée, de manière que son estomac n'en soit pas surchargé.

8°. Enfin, à ne pas le laisser paître dans les lieux marécageux ou humides, après le coucher du soleil.

RÉGLEMENS PROVISIONNELS

Pour les cas de maladies épizootiques existantes ou menaçantes.

L'INSPECTEUR de chaque commune visitera fréquemment le bétail de son ressort, & apposera à chaque bête la marque aux armes de la République qui lui a été remise, il tiendra un régître des bêtes qu'il aura marquées, de leur vente, échange ou mort.

Aucune bête à cornes ne pouvant être introduite sur le territoire de la République sans un billet de santé en bonne règle, il la visitera, & examinera le billet, pour que s'il le trouve légal, il en accorde l'entrée, ou que, dans le cas contraire , ou de doute , il refuse son acquiescement , pourvoïe à son renvoi immédiat , ordonne le nettoyement de l'écurie où elle auroit pu être introduite , & fera son rapport à l'administration.

Aucun particulier ne pourra accorder l'entrée dans ses écuries à une bête qui n'auroit pas été marquée par l'inspecteur.

L'introduction des cuirs, non préparés dans le territoire de la République , ne pourra se faire que sous les mêmes pré-cautions , & moyennant la même inspec-tion que pour le bétail même.

Chaque particulier portera la plus exacte attention à la santé de son bétail , & au plus léger indice de maladie , sur-tout lorsqu'il auroit jugé convenable de lui administrer ou faire administrer le remède le plus simple , il en avisera l'ins-pecteur.

Celui-ci se transportera immédiatement vers la bête malade ; & après l'avoir exa-minée , donnera les conseils & secours provisionnels selon les caractères de la maladie, & informera dans la vingt-quatre heures l'administration , soit en personne soit par écrit.

Lorsqu'on soupçonnera l'existence de quelque maladie grave ou contagieuse, dans quelque écurie, dès que l'inspecteur aura fait sa visite & son rapport, ainsi qu'il est ordonné, il procédera, soit seul, soit, autant que faire se pourra, en présence de l'assesseur, aux soins, précautions & traitemens suivans, en attendant des ordres ultérieurs de l'administration, ou des avis & directions de la chambre de la Santé.

Il fera séquestrer les bêtes & l'écurie où la maladie s'est manifestée, & ne permettra pas qu'aucune espèce d'animal y entre ou en sorte.

Il pourvoira à ce que les bêtes qui y sont renfermées ne soient soignées & pansées que par la même personne, qui aura l'attention de se couvrir d'un vêtement ou chemise de toile, qu'elle jettera dans de l'eau vinaigrée en sortant de l'écurie, ayant soin de se laver les mains & le visage dans la même eau. L'inspecteur se soumettra lui-même à ces moyèns de précaution.

Il fera parfumer l'écurie, en faisant brûler soir & matin, sur un réchaud, un mélange de vinaigre & d'*assa-fœtida* ; on en brûlera de même au-dehors & à l'entour.

Il ordonnera le transport du fumier à la distance de 30 ou 40 toises de l'écurie.

Il prescrira qu'on fasse boire, à toutes les bêtes qui y sont renfermées, de l'eau qui contienne une dissolution d'*assa-fœtida* dans le vinaigre, ou dans laquelle on ait mêlé de l'ail ou de l'oignon broyé dans le vinaigre.

Il leur en fera frotter la tête & le corps, ainsi que les crèches & les murs.

Enfin, il fera planter un signal, ou afficher un écriteau au-dehors de l'écurie pour aviser de l'infection qui y règne.

INSTRUCTION

Pour les personnes chargées par le Gouvernement, ou par la Chambre de la Santé, de se transporter dans les Districts infectés de quelque maladie épizootique présumée contagieuse.

Les personnes chargées, ensuite du rapport de l'Inspecteur ou de l'Assesseur, de se transporter sur les lieux infectés de quelque maladie du bétail, se feront accompagner d'un Médecin vétérinaire éclairé, ou d'une personne réputée par ses connoissances sur les maladies épizootiques, & d'un Membre de la Faculté ayant des lumières anatomiques.

Dès qu'elles seront arrivées à leur destination, elles se feront rendre compte par l'Inspecteur, en présence de l'Assesseur & du propriétaire des bestiaux malades, de tout ce qui est parvenu à sa connoissance sur ce fait, des mesures qu'il aura prises, & de la manière dont il aura procédé provisionnellement. Il en sera dressé immédiatement un verbal qu'il signera.

Elles procéderont à la visite des écuries & des bestiaux malades & suspects, en observant de prendre les précautions convenables & recommandées pour ne pas transporter les miasmes contagieux ; & en conséquence elles éviteront de s'approcher des autres écuries & du bétail sain, lorsqu'elles auront fait leur inspection.

Si leur examen & les renseignemens qu'elles recevront, confirment l'existence d'une maladie contagieuse & grave, elles ordonneront l'assommement de chaque bête malade, prendront toutes les précautions pour qu'elle soit enterrée en entier à une profondeur de dix pieds, dans un lieu escarpé, couvert de chaux, & où le bétail ne pénètre pas.

Elles pourvoiront à un sequestre plus rigoureux de l'écurie, du fourrage & de toutes les bêtes de la Commune.

Elles conviendront d'un traitement général & particulier de la maladie, selon qu'elles l'auront jugée : & elles le laisseront par écrit à l'Inspecteur, pour qu'il l'applique, le suive & le dirige sous sa responsabilité.

Enfin, si la maladie continue ses ravages, & suivant la connoissance qu'elles en acquerront par des rapports exacts & fréquens de l'Inspecteur, elles se transporteront chaque semaine sur les lieux.

F I N.

TABLE.

Fin de la Table.